아이를 차갑게 키우고 뜨겁게 사랑하라

3세~13세 지녀를 둔 엄가들의 필독서

아이를 차갑게 키우고 뜨겁게 사랑하라

권경애 • 지음

다연
DAYEONBOOK

맘대로 되지 않는
내 아이를
맘대로 되게 하는 비법

"상담을 받은 후부터는 아이의 태도가 정말 좋아졌어요. 상담 선생님이랑 한 약속을 지켜야 한다면서요. 엄마인 제 말은 콧등으로도 안 듣는데, 선생님 말씀은 잘 듣네요. 어떻게 하시는 거예요?"

상담을 하다 보면 이런 이야기를 자주 듣는다. 그럴 때마다 나는 웃으며 흔쾌히 비법을 공개한다.

나의 비법은 단순하다. 물론 매우 중요하면서도 핵심적인 비법이기도 하다. 그 비법을 들은 엄마들은 '그저 웃지요'다.

나의 비법은 '아이랑 친해지기'이다. 이것을 상담 용어로 '라포 형성'이라고 하는데, 간단히 말해 '그냥 아이 말에 동조해주고 칭찬해주고 함께 즐거워해주고 놀아주고 이야기를 들어주는 것'이다.

내가 이 비법을 알려주면 엄마들은 대번에 말한다.

"선생님이니까 그게 가능하지, 만날 얼굴 보고 사는 엄마는 아이랑 친해지는 게 가능하질 않아요."

하지만 역설적이게도 늘 함께 얼굴 보고 살아야 하니까 더욱 친해져야 하지 않겠는가.

나도 내 아이에게 언성을 높일 때가 있다. 나도 내 아이에게 화를 낼 때가 있다. 나도 흥분할 때가 있고, 욕심을 부릴 때가 있다. 조급하게 굴기도 하고 아이에게 실망도 한다. 아무리 인격이 훌륭한 부모라도 사람인지라 이럴 때가 없다는 것은 거짓말이 아닐까 싶다. 다만 화를 내는 방법이 다르고, 조급함을 표현하는 방법이 다르며, 욕심과 실망이 마음속에 생겨날 때 이것들이 가져올 결과를 미리 예측하고 나 자신에 대해 성찰하며 방향을 달리하느냐 못하느냐의 차이일 것이다.

나도 처음부터 백 점짜리 엄마는 아니었다. 자주 소리치고 윽박지르는, 한마디로 파이팅이 넘치는 모습이었다. 나는 내 아이들을 많은 시행착오를 거치며 길러왔고 지금도 여전히 진행 중이다.

지구 상의 모든 부모가 이렇게 시행착오를 거친다. 그런데 시행착오를 거치는 동안 배움을 얻고 더 발전적으로 나아가는 부류가 있고, 좌절하고 낙담하며 부정적인 시각을 키워가는 부류가 있고, 혹은 자신이 시행착오를 겪고 있는지조차 인지하지 못한 채 잘못을 되풀이하는 부류가 있다.

상담사는 보통 일주일에 60분 정도의 짧은 시간 동안 한 가정을 접하고 분석해야 한다. 깊이 있고 진지한 대화를 이어가며 그 가정을 들여다보고, 그 안에서 벌어지는 일들, 부모와 자녀의 생각 및 행동 패턴들을 분석해야 하는 것이다. 그러다 보니 당사자들보다 더 많이 그들의 문제와 원인과 결과를 짚어낼 수 있다. 일단 문제가 발견되면 그 해결을 위해 끊임없이 고민하고 연구에 돌입한다. 물론 많은 공부가 수반되고,

조언도 많이 구한다.

그렇게 여러 사례를 접하고 연구를 거치면서 나는 많은 가정에서 나타나는 공통점을 찾을 수 있었다.

가장 일반적인 첫 번째 공통점은, 아이의 문제가 아이의 것이 아니라는 사실이다. 아이를 '문제'라고 바라보는 시선이 가장 문제라는 것, 아이가 정말 문제아라서가 아니라 부모가 자신의 경험과 상처들을 섞어 '문제'라고 오랫동안 여겨온 것이 실제로 문제화되어 있다는 것, 이런 시각 자체가 아이들을 더욱 병들게 한다는 것이 진짜 문제의 핵심이다.

세상에 존재하는 모든 사람은 한 명 한 명 독특하고 특별하다. 장점만 있어 보이는 사람 속에도 단점이 존재하며, 단점뿐인 것처럼 보이는 사람 속에도 장점이 존재한다. 따라서 아이의 좋지 않은 버릇을 고치고 싶다면 아이의 장점을 찾아내는 데서부터 시작해야 한다. 아이 속에 작게라도 생겨나고 있는 장점을 크게 자랄 수 있도록 지지하고 칭찬하면 그 장점의 나무는 아이 안에서 잘 자라나 크고 울창한 숲을 이룰 것이다.

아이의 장점을 바라보며 아이 스스로 자신이 좋은 아이임을 인식할 수 있도록 만드는 것이 중요하다. 또한 좋지 않은 버릇을 수정할 수 있도록 차분히 돕는 것이 중요하다. 다만, 아이의 좋지 않아 보이는 점 또한 아이의 가치관이자 특별한 부분임을 존중해주고 인정해주는 자세가 필요하다.

둘째, 엄마는 자신이 뭔가 고쳐야 하는 줄도 알겠고, 이대로 지속되면 좋지 않은 결과가 올 것도 예측 가능한데, 어떻게 고쳐야 할지 모르겠기에 그저 우왕좌왕할 뿐이다. 그렇게 잘 고쳐지지 않는 데서 오는 좌절감과 죄책감은 우울증으로 이어진다. 그러한 엄마의 우울한 마음은 결국 가정과 아이를 병들게 하고 만다.

나는 이런 엄마와의 상담에서 늘 강조한다.

"지금도 충분히 좋은 어머니이고, 잘하고 계세요. 앞으로는 더 좋아질 거예요. 천천히 조금씩 해봐요."

사람은 참 복잡하고 신비로운 존재다. 아주 긴 세월 동안 힘겹게 고민하던 문제가 어느 순간 잠깐 스친 몇 마디 말들로 씻은 듯이 해결되기도 한다. 오랫동안 건강하게 잘 지내오던 사람이 단 몇 분의 경험으로 이전과는 전혀 다른 모습으로 변해 좌절의 구렁텅이를 헤매기도 한다.

이렇게 복잡하고 미묘한 존재가 바로 인간이며 부모이고 자녀이다. 아무리 어린 자녀라도 그들에게는 자신만의 가치관이 있고, 생각의 전개방식이 있다. 태어난 지 1년밖에 안 된 아기들도 돌잡이 때 자신이 관심 있는 것을 잡는다. 책꽂이에 수많은 동화책이 꽂혀 있어도 아이가 좋아하는 동화책은 그중 몇 권으로 압축되고 그 동화책은 외울 정도로 열심히 읽지만, 몇 년이 지나도 손길 한 번 주지 않는 동화책도 있다.

이처럼 오묘한 존재가 인간이기에 단번에 변화하기도 변화시키기도 사실상 힘들고 어렵다. 그러니 쉽사리 변하지 못하는 자신의 모습이 당연함을 인정하고 좋은 방향으로 변하고자 하는 마음을 가진 것에 스스로를 칭찬하는 자세가 필요하다.

대한민국의 엄마 대부분은 모두 열심히 살고 있고, 좋은 엄마다. 스스로에게 자부심을 가질 필요가 있고, 자신이 엄마로서 가장 좋은 결정을 내릴 힘과 능력이 있음을 믿어야 한다. 엄마가 자신을 믿을 때 불안이 사라지고 평안과 즐거움을 찾을 수 있다. 또 그것이 아이를 믿게 하고 잘 자라게 하는 원동력이 된다. 즉, 엄마들은 일차적으로 자신의 힘을 믿고, 이차적으로 더 훌륭해지기 위해 외부로부터 배우는 자세를 가져야 하는 것이다.

　나는 아이를 키우고 상담사로 일하면서 아이를 변화시키는 가장 빠른 비법도 알아냈다. 이 비법은 앞뒤 꽉 막힌 벽창호 같은 남편도 변화시키고, 수천 번 말해도 꿈쩍 않던 아들도 변화시키고, 자기밖에 모르고 한 번 삐치면 삼박 사일 동안 짜증만 일삼는 딸도 변화시킨다. 이 비법은 나 자신을 편안하게 만들고 행복하게 만들고 가족과 친해지게 만든다. 지금까지 상담이나 내 삶에서 시도했던 무수한 방법 중 가장 빠르고 효과적인 방법이며 후유증이 없는 영구적인 방법, 바로 '나 자신 바꾸기'이다.

　많은 엄마가 남편을 변화시키고 자녀를 변화시키기 위해 같은 잔소리를 수없이 반복한다. 그러나 계속되는 잔소리에도 변화하지 않고 여전한 가족들의 모습에 다시 분노하고 좌절한 엄마는 더 강력한 방법을 생각해낸다. 하지만 그 강력한 방법은 더욱 강력한 저항에 부딪히면서 가족의 관계는 악화일로를 치닫는다.

　세상에 존재하는 수많은 방법 중 상대를 변화시키는 최선의 방법은 나 자신이 변화하는 것이다. 좋은 길을 찾아 변화하려고 노력해야 한다. 어색하고 힘들겠지만 그래도 그 길이 가장 안전한 지름길이라고 믿고 지속적으로 시도하다 보면, 언젠가는 달라져 있는 자신과 가정의 모습을 만나게 될 것이다.

　그 변화의 과정 속에서 지침으로 알고 있어야 할 것이 '무엇을 바꿔야 하는가?'이며 '어떤 방법으로 바꿀 것인가?'이다. 모든 사람이 획일적이고 똑같은 모습으로 살아갈 수 없기에 최적의 방법은 각자에게 달려 있다.

　이 책은 내가 상담하면서 시행해보았던 방법들과 부모가 중요하게 바라봐야 할 것들을 담고 있다. 하루가 다르게 급변하는 세태 속에서 이렇게 공부시켜야 한다는 둥 부모로서 이렇게는 해야 한다는 둥 온갖 정보가 주변에 넘쳐나는 요즘이다. 부모가 어떤 가치관과 중심을 가져야할지에 대한 고민, 부모가 자녀를 어떤 마음으로 바라보아야 하는가에 대한 고민, 부모인 나는 내 인생을 충실히 잘 살고 있는가에 대한 고민, 나는 어떤 엄마가 되고자 했으며 그것은 실현 가능한지 또 지켜지고 있는지에 대한 고민, 그런 수많은 고민을 나는 이 책에 담고자 하였다.

정리를 하고 보니 미약한 부분이 많고 하고 싶은 말을 다한 것인지도 되돌아보게 된다. 그러나 인생에 100퍼센트 완성이 없듯 그 어떤 책도 완벽한 것은 없겠다 싶다.

나는 그저 이 책을 통해 좌절하는 부모에게 용기를 주고 방법을 몰라 헤매는 부모에게 다양한 방법이 있음을 알려주고 싶었다. 시행착오를 먼저 겪은 선배의 입장에서 좋은 방향을 제시하고 싶었고, 다양한 방법을 공부한 전문가의 입장에서 전문적인 내용을 더 쉽게 전달하고 싶었다. 읽는 것에서 그치지 않고 직접 실천해봄으로써 행복한 가정, 행복한 부모 자녀의 관계로 한 단계 발전하는 기회가 되길 바란다.

이 책을 위해 힘써주신 다연출판사의 모든 분에게 감사드린다. 바쁜 아내를 너그러운 눈으로 바라봐준 남편, 조용히 엄마를 응원해준 아이들에게 고맙다는 말을 전한다. 마지막으로 이 모든 일을 이루신 하나님께 감사한다.

권경애

Part 4 엄마의 태도가 바뀌면 아이도 달라진다

Part 5 행복한 내 아이, 엄마가 만든다

Part 1

내 아이,
정말 행복할까?

01

물어도 묵묵부답,
남모를 고민이 있는 건
아닐까?

초등학교 3학년 준호는 요즘 말수가 부쩍 줄었다. 엄마가 아무리 물어도 꿀 먹은 벙어리처럼 묵묵부답이다. 그런 준호를 보고 있자면 답답하면서도 한편으로 준호에게 무슨 고민이 있는 건 아닌지 걱정스럽다. 며칠 동안 고민을 거듭하던 준호 엄마가 결국 상담을 요청해 왔다.

"처음에는 그냥 그런가 보다 했는데, 지금은 아이에게 무슨 문제가 있는 건 아닐까, 하는 생각이 들어요. 제가 서너 번 말을 걸면 한 번 정도, 그것도 아주 짧게 대꾸하곤 해요. 갈수록 준호의 표정이 어두운 것 같기도 한데 속내를 털어놓지 않으니 정말 답답해 죽겠어요. 혹시 다른 친구들에게 괴롭힘을 당하는 건 아닐까, 걱정도 되고요. 어제는 준호에게 왜 다른 아이들처럼 속 시원히 말을 하지 않느냐고 다그쳤지만 그때뿐이네요. 어떡하면 좋을까요?"

　남자아이들, 특히 첫아이들은 대체로 말수가 적은 편이고 말도 늦는 편이다. 그래서인지 나에게 상담 요청을 하는 엄마 비율도 남자아이를 둔 엄마가 많다. 그들과 상담을 하보면 대부분 준호 엄마처럼 처음에 그냥 그런가 보다 하며 지내다 아이에게 좋지 않은 일이 어느 정도 진행된 뒤에야 바짝 심각해진다.

　그렇다면 아이는 엄마와 특별히 사이가 나쁜 것도 아닌데 왜 편하게 표현을 하지 않는 것일까? 여기서 엄마들이 간과하는 게 있다. 엄마는 속 시원하게 표현하지 않는 아이를 보며 속 터져라 하지만 아이 역시 마음속으로는 엄마에게 끊임없이 도움을 요청하거나 표현하고 싶어 한다는 것이다.

　영준이는 여섯 살이다. 둥글둥글한 외모만큼이나 성격도 모난 구석이 없다. 집에서처럼 유치원에서도 아이들과 사이좋게 잘 지내는 편이다. 그런데 영준이 엄마에게 한 가지 고민이 있다. 영준이가 밤에 종종 오줌을 싸기 때문이다. 물론 영준이가 어렸을 때부터 쭉 그랬던 것은 아니다. 오히려 다른 아이들에 비해 빨리 오줌을 가렸다. 그랬던 영준이가 다섯 살이 되어 어느 날부터인가 오줌을 가리지 못하더니 어느덧 1년이 넘도록 이런 현상이 지속되고 있다.

　"오줌이 마려우면 꼭 깨어나서 소변을 보던 아이인데 언젠가부터 자꾸 자면서 오줌을 싸는 거예요. 어떻게 해야 할지 모르겠어요. 한의원에 갔더니 놀라서 그럴 수도 있으니 지켜보라는 말만 하더군요."

　하루는 몸이 좋지 않아 조퇴를 한 영준 엄마는 모처럼 유치원에 들렀다. 그런데 영준 엄마는 충격적인 장면을 목격했다. 영준이 또래의 한 남자아이가 영준이를 발로 툭툭 차며 "돼지"라며 놀려대고 있었다. 선생님은 자리에 없었고, 다른 아이들은 그저 구경만 하고 있었다. 영준 엄마는 급히 달려가 말린 후 그 일을 유치원 원장에게 말했다. 원장님은 다시는 그런 일이 없도록 조치하겠다며 영준 엄마를 안심시켰다.

집에 돌아온 영준 엄마는 영준이에게 물었다.

"영준아, 오늘처럼 다른 친구들이 때리고 놀리고 할 때가 많아?"

"응. 자주 그래."

영준이는 시무룩하게 대답했다.

"언제부터 그랬는데?"

"다섯 살 때부터……."

"그런데 왜 엄마한테 말 안 했어? 바보같이……."

"엄마가 안 물어봤잖아."

영준 엄마는 순간 화가 치밀다 못해 눈앞이 캄캄하고 피가 거꾸로 솟는 기분이었다. 내 아이가 2년 동안이나 다른 아이에게 괴롭힘을 당하며 유치원을 다녔다는 사실을 이제야 알게 되었기 때문이다. 유치원 원장님과 선생님이 너무나 야속하여 짜증이 치밀었다. 동시에 엄마인 자신에게 말하지 않은 영준이에게도 화가 났다. 무엇보다 그동안 직장 생활에 얽매여 영준이에게 제대로 신경 쓰지 못했다는 자책감에 자신이 한없이 원망스러웠다.

지혜는 초등학교 6학년생이다. 원래 지혜는 밝은 성격에 애교도 많아 친구들에게 인기가 많다. 그런데 5학년 중반, 사춘기가 시작되면서부터 달라졌다. 말수도 줄고 애교도 없어진 것이다. 누군가 말을 걸면 톡톡 쏘는 말벌처럼 매섭게 쏘아붙이곤 했다. 그래서 엄마 아빠도 지혜에게 말 걸기가 무서워 눈치만 살핀다.

지혜 엄마는 지혜가 지금처럼 날카롭게 변한 건 사춘기 때문이라며 얼른 사춘기가 지나가기만 바라고 있다.

엄마들은 아이의 유치원이나 학교생활에 대해 궁금해한다. 아이가 수업 진도는 잘 따라가고 있는지, 또래들과는 아무 탈 없이 잘 지내는지 염려도 한다. 그런데 엄마가 던진 질문에 아무런 대꾸가 없는 아이를 보고 있자면 속이 타들어간다.

아이가 말이 없을 때 엄마는 두 가지 마음을 가지게 된다. '별일 없이 잘 지내겠지' 하는 안도하는 마음과 '밖에서 힘든 일이 있는데 나만 모르는 건 아닐까?' 하는 불안한 마음이다. 그래서 엄마들은 아이의 안색이 좋지 않거나 여느 날과 다르게 말수가 부쩍 줄어들면 온갖 걱정거리를 짊어지게 된다.

그렇다면 아이는 왜 자신의 생각을 엄마에게 잘 표현하지 않는 걸까?

두 가지 이유가 있다. 아이가 말을 잘하지 못하는 경우, 엄마의 그릇된 대화법으로 아이가 마음을 닫는 경우이다.

말이 늦는 아이들은 말로 자신의 상황이나 생각들을 표현하는 것 자체를 버거워하고 부담스러워한다. 말이 늦어 언어라는 도구를 제대로 사용하지 못하기 때문에 과격한 행동으로 표현하거나 혹은 그냥 표현하지 않고 지나쳐버린다. 이런 경우라면 아이가 몇 살이든 상관없이 어린아이 대하듯 눈을 마주치며 간단한 질문들을 하고 서툴게라도 대답할 때까지 기다려주는 연습을 반복하는 노력이 필요하다. 이때 절대 다그치지 말고 조용히 믿고 기다려야 한다.

말은 완벽하게 잘하기보다 자신의 생각을 있는 그대로 표현하면 된다고 가르쳐야 한다. 아이도 자신이 말을 잘 못한다는 것을 알고 있기 때문에 완벽하고 정확한 문장이 아니면 말하지 않으려는 성향을 갖게 된다. 서툴더라도 자신의 생각을 표현한 것을 칭찬해주는 것이 엄마가 꼭 해주어야 할 일이다.

마음을 닫은 아이들의 뒤에는, 아이가 집에 발을 들이는 순간부터 그릇된 대화법으로 어김없이 잔소리와 지시를 일삼는 엄마가 있다. 엄마가 잔소리와 지시를 한다는 것은 아이와 공감대를 형성하지 못한다는 뜻이다. 따라서 아이는 고민이 있어도 엄마에게 그것을 말하지 않게 된다. 아이는 그동안 엄마와 마음을 나누는 대화를 해본 적이 없으니 어떻게 말을 해야 할지 모르기 때문이다. 그래서 엄마 눈치만 보면서 속앓이를 하게 된다.

이런 경우, 엄마는 아이에 대한 잔소리와 지시성의 대화를 반드시 줄여야 한다. 그리고 아이가 하는 이야기에 귀를 기울이고 아이의 관심사에 함께 공감해주는 대화를 나눠야 한다. 엄마가 오로지 자신이 하고 싶은 이야기만 하며 대화를 주도하는 것은 금물! 또한 대화 주도를 아이가 할 수 있도록 돕는 것도 엄마의 역할이다.

많은 엄마가 지금 내 아이에게 남모를 고민이 있는 건 아닐까, 걱정하고 있다. 더군다나 요즘은 하루가 멀다 하고 왕따·폭력 등 학교폭력에 관한 뉴스가 들려오는 만큼, 쾌활하던 아이가 표현을 잘하지 않는 등 말수가 줄어들 때면 가슴이 철렁한다. 하지만 그럴수록 아이의 눈높이에서, 마음에서 바라보고 공감하자.

지금 겉으로 보이는 내 아이의 모습이 전부가 아닐 수 있다. 따라서 자주 내 아이가 정말 행복할까, 하는 물음을 가져보는 게 좋다. 내 아이에게 가장 친밀한 사람은 엄마이다. 아이의 아픈 마음을 보듬어주는 엄마, 권위를 내세우기보다 다정다감한 친구 같은 엄마가 되어야 한다.

02

남들만큼 신경 쓰며 키우는데
왜 저렇게도
자신감이 없을까?

"어깨 좀 펴고 다녀!"

"자신 있게 좀 던져!"

"목소리가 기어 들어가네. 큰 소리로 말해야지!"

엄마들은 아이의 기를 살려준답시고 명품 옷에 명품 운동화, 명품 가방으로 아이를 치장한다. 열성적인 엄마는 발성법 학원도 보내고, 반장이 되라고 특별 개인 과외도 시킨다. 그러나 엄마의 바람과는 상관없이 아이의 어깨는 늘 축 처져 있고, 시선은 땅으로만 향해 있다.

엄마는 자신이 열심히 신경을 쓰면 쓸수록 자신감 없고 소극적으로 변하는 아이를 바라보며 속이 탄다. 다른 아이들처럼 당당하고 자신만만한 모습이라면 더 바랄 것이 없을 듯하다. 없는 살림에 무리를 해서 뒷바라지해주었건만 아이한테서 별 성과가 보이지 않아 골치가 지끈지끈하다.

예솔이 엄마도 예솔이의 소극적이고 자신 없는 모습에 꽤나 답답하고 속상해했다. 남들이 가르치는 것은 다 가르치고 남들 한다는 것은 다 하게 해주었는데도 예솔이는 늘 자신 없는 모습이다.

"어릴 때부터 발레며 바이올린이며 남들 하는 건 다 배우게 했어요. 그렇게 이것저것 가르쳐도 무엇 하나 똑똑하게 잘하는 것이 없더라구요. 뭘 하든 자신감 있게 해야 하는데 늘 소극적일 뿐이었어요. 처음엔 실력이 다 비슷하더라도 시간이 지나면 더 오래 배운 아이가 잘해야 하는데, 예솔이는 시간이 지나도 영 나아지지 않는 것 같아요."

이제 초등학교 3학년이 된 예솔이는 예솔이 엄마의 말처럼 참 많은 것을 배우고 있다. 수영, 성악, 검도, 수학, 영어, 논술, 바이올린 등 어린 몸으로 어떻게 이런 혹독한 스케줄을 소화해내는 건지 안쓰러울 정도이다.

예솔이는 어린 시절부터 초등학교 3학년이 된 지금까지 자신의 의지대로 무엇을 선택해본 일이 없다. 학원도, 옷도, 먹을거리도, 심지어 어디서 누구와 놀 것인지도 엄마가 결정해주었다.

예솔이 엄마는 예솔이의 일거수일투족을 결정하기 위해 몹시 분주하다. 많은 정보를 모아야 하고, 좋은 친구들을 만나게 해주어야 하고, 좋은 경험을 할 수 있도록 열성적으로 신경 써야 한다. 예솔이가 어디 가서 꿀리지 않도록 옷도 입혀야 했고, 성장에 좋은 음식도 챙겨서 먹여야 했다. 키가 크도록 도와주고 몸매가 예뻐지도록 운동도 시켜야 했다. 공부도 뒤처지지 않게 좋은 학원도 알아봐야 했다. 아이 반에서 일어나는 모든 일을 알고 있어야 했고, 담임 선생님의 성향과 앞으로의 공부 진도에 대해서도 자세히 파악하고 있어야 했다.

심지어 아이가 등교할 때 학교에 데려다주고 학교 사랑방에서 엄마들과 수다를 떨며 아이가 하교할 때까지 기다린다. 아이가 하교하면 이때부터 본격적으로 엄마의 일과가 시작된다. 아이를 차에 태워 학원에 데려다주고, 아이가 공부할 동안 아이를 위한 간식을 사고, 아이가 학원에서 끝나면 다시 차에 태우고, 다른 학원에 도착할 때까지 차 안에서 아이에게 간식을 먹게 한다. 그렇게 적게는 세 군데 많게는 대여섯 군데를 돌아야 비로소 집으로 갈 수 있다.

집에 가도 끝난 것이 아니다. 빨리 저녁을 먹이고 잠깐 동안 숙제를 시켜놓으면 개인 과외 선생님이 집으로 온다. 이렇게 돌아가는 평일 하루하루가 주말이 되면 조금 바뀐다. 엄마가 미리 모집해놓은 친구들과 학과 공부에 맞춘 견학을 가야 한다. 물론 견학 인솔자는 최고의 선생님으로 준비되어 있다. 그리고 기행문을 쓰는 것으로 견학을 마감한다.

대한민국에는 이렇게 살아가는 엄마와 아이가 상당히 많다. 경중의 차이는 있겠으나 많은 아이가 예솔이의 스케줄과 크게 다르지 않다.

한국 엄마들의 자녀관리는 가히 신의 경지라고 해도 과언이 아니다. 엄마들은 자신의 모든 시간과 열정을 투자하여 아이를 위해서 살아간다. 아이에게 더 성공적이고 행복하며 이상적인 미래를 선물로 주기 위해서다. 엄마들은 자신의 유익을 위해 친구를 만들지도 않는다. 아이와 관련이 있고 아이에게 유익한 정보를 줄 만한 엄마들로 친구를 선별한다.

그런데 엄마의 이런 노력과 열성에도 불구하고 우리 아이들은 행복한가? 자신만만한가? 엄마가 이렇게 노력하면 할수록 아이는 스스로를 더 보잘것없는 존재로 여기고 못난이로 생각한다. 왜 그럴까?

이 세상의 모든 생명체는 자신의 의지로 살아가길 원하기 때문이다. 더구나 고도의 지능을 가지고 태어난 인간은 두말할 필요도 없다. 아이가 아무리 어려도 아이는 자신의 의지에 따라 선택하고 행동하고 싶어 한다. 이것이 부모의 과도한 기대감과 열정으로 꺾여버리면 아이는 자신의 존재감에 회의를 갖는다.

좋은 선택을 하든 잘못된 선택을 하든 아이에게 스스로 선택할 기회를 주어야 한다. 자신이 보낼 하루의 시간을 스스로 조절하고 실패와 성공을 경험하면서 아이는 힘을 갖게 된다. 자신이 자기 인생을 스스로 살아가고 작은 것들에서 스스로 배우는 경험을 하면서 아이는 성장하는 것이다.

아이의 성장은 피아노를 배우고 수영을 배우고 수학을 배우는 것으로 이루어지는 게 아니다. 피아노, 수영, 수학 등은 아이에게 특정 기능을 가르칠 수는 있겠으나 아이의 정신을 성숙시키거나 인격적인 성장을 이루게 할 수는 없다.

아이에게 명품 옷을 입히고 명품 운동화를 신기는 것은 단순히 사람들에게 잠시 멋져 보이게 할 수 있다. 그러나 아이에게 어떤 옷을 사고 싶은지 어떤 옷을 골라 입을지에 대해 선택권을 넘겨주고 지지해준다면 아이는 자신의 능력에 대해 새로운 경험을 하고 작은 성장을 이룰 것이다.

아이를 잘 가르치는 학원에 보내면 현재의 성적은 올릴 수 있을지 모른다. 그러나 아이에게 스스로 공부를 선택하도록 기회를 주면 아이는 자신의 선택을 통해 실패와 성공을 배우며 스스로 공부의 방법을 발견할 기회를 갖게 된다.

　엄마가 이 모든 것을 다 결정해주고 선택해주는 것의 이면에는 아이를 믿지 못하는 마음이 깊이 깔려 있다. 아이가 스스로 공부하지 않을 것이라는 생각, 아이가 좋은 선택을 할 수 없을 것이라는 생각, 아이는 무능하다는 생각이 저변에 깔려 있는 것이다.

　이런 엄마의 마음을 아이도 잘 안다. 그래서 엄마를 대할 때마다 자신을 무능하게 느낀다. 자신을 가장 잘 아는 엄마조차 자신을 무능하다고 생각하니, 자신은 정녕 무능한 것이다.

　아이에게 많은 것을 해주는데도 아이가 자신감이 없는가? 어쩌면 아이에게 많은 것을 해주는 엄마 스스로도 아이를 무능하다고 여기지는 않는가? 엄마 자신이 아이를 무능하다고 바라보면서 아이가 자신감을 갖길 바라는 것은 어불성설이다.

　아이가 자신감을 갖고 인생을 살아가길 원한다면 아이의 인생을 아이에게 돌려주어야 한다. 운동화도, 운동도, 학원도, 친구도, 모두 아이가 고를 수 있도록 아이에게 선택권을 주어야 한다.

　사실, 이 모든 선택권은 원래부터 아이 것이었다. 아이가 클 동안 잠깐 엄마가 양도받아 대신 사용해주는 것일 뿐임을 늘 기억하자. 잠시 양도받은 사용권을 너무 남용하지 않도록 늘 주의하자. 그렇게 노력한다면 조금씩 아이의 어깨가 펴지고 목소리에 힘이 들어갈 것이다. 그렇게 아이는 자신감 있는 모습으로 성장해 나아갈 것이다.

03

왜
친구들의 부탁을
거절하지 못할까?

다음은 초등학생 아들을 둔 한 엄마의 고민이다.

"아이가 친구들의 부탁을 거절하지 못하고 끌려다니는 것을 볼 때마다 너무 속상해요. 저는 맺고 끊는 것이 분명한데 아이는 친구들의 부탁을 거절하지 못해서 힘들어해요. 문제는, 힘들어하면서도 친구들이 하자는 대로 다 한다는 거예요. 아이가 착하고 자기주장이 약하니까 친구들은 아이를 좋아합니다. 그리고 부탁할 일이 있을 때마다 제 아이에게 오는 거죠. 이럴 때 아이는 겉으로는 아무 불평 없이 다 들어주지만 속으로는 많이 속상해하고 끙끙댑니다. 그러고는 그런 자신의 모습이 너무나 싫다고 말합니다. 그래서 제가 아이에게 친구들의 부탁을 거절해보라고 했더니, 아이는 분명한 거절의 말보다는 변명의 말을 늘어놓곤 합니다. 심지어 거절하는 것 자체에 죄책감을 느낀다고 하더라고요."

친구들의 부탁을 거절하지 못하는 자녀 때문에 고민하는 엄마가 꽤 많다. 그 엄마들과 대화해보면 대부분 "저는 안 그러는데 우리 애는 왜 그럴까요?"라고 한다. 아이가 친구들의 부탁을 거절하지 못한 채 질질 끌려다니는 걸 보면 답답하고 속 터진다는 것이다. 그런데 가장 답답하고 힘든 사람은 친구들의 부탁을 거절하지 못하는 아이 자신이다.

얼마 전 영서 엄마는 영서의 황당한 행동에 엄청 화가 났다. 그날은 외할머니 생신이어서 가족들과 저녁 약속이 있었다. 모두 식사 장소로 가려고 나서는데 영서가 느닷없이 가지 않겠다고 고집을 피웠다. 그 이유를 물어보니 친구의 숙제를 대신 해주기로 했다는 것이었다.
엄마가 어이없다는 표정으로 말했다.
"아니, 친구 숙제를 왜 네가 해줘? 너 바보니?"
"친구가 힘들어해서 내가 대신해주기로 약속했단 말이야."
그러면서 영서는 혼자 밥을 차려먹고 친구 전화를 기다리겠다고 말했다. 엄마가 외할머니 생신에 빠져선 안 된다고 누누이 말했지만 영서는 막무가내로 고집을 피웠다. 엄마는 화가 났지만 어쩔 수 없이 영서만 두고 집을 나서야 했다.

재영이와 승호는 1학년 때부터 단짝이었다. 그래서 승호 엄마는 어딘가를 갈 때 재영이도 불러서 함께 데려가곤 했다. 하지만 그러면서도 가끔 둘이 비교되어 기분이 상할 때가 종종 있었다.
승호네는 얼마 전에 '잡월드'에 다녀왔다. 잡월드는 아이들이 장래의 희망 직업을 경험해보고 적성 검사를 통해 자신에게 맞는 직업을 찾아볼 수 있는 흥미로운 체험 장소이다. 승호 엄마도 승호가 미리 자신에게 맞는 직업을 찾는다면 좀 더 행복한 인생을 살 수 있지 않을까 하는 생각이었다.

체험하고 싶은 직업은 현장에서 아이들이 합의를 하여 정했다. 재영이는 경험하고 싶은 것이 많았고 승호는 별다른 이야기가 없었기에, 승호 엄마는 평소 승호의 관심사를 고려하여 재영이와 승호의 관심 분야를 골고루 체험할 수 있게 해주었다.

그런데 체험을 마친 승호의 표정이 밝지 않았다. 사정은 이랬다. 둘이 체험하러 들어간 그 안에서도 각기 역할을 선택해야 했다. 어떤 것은 제비뽑기를 통해 자기가 마음에 드는 역할이 선택되었는데 재영이가 자신의 역할과 바꾸자고 부탁하는 바람에 승호는 어쩔 수 없이 역할을 바꾸어주었다. 결국 승호는 자신이 체험하고 싶은 것들을 제대로 체험하지 못하고 나온 것이다. 승호 엄마는 승호에게 좋은 경험을 시켜주고자 적지 않은 비용을 너고 먼 곳까지 왔다. 그런데 같이 간 재영이 때문에 정작 아들은 제대로 체험을 못했다니, 승호 엄마는 갈수록 불쾌해졌다.

집으로 돌아오는 내내 승호 엄마는 친구의 부탁을 쉽사리 거절하지 못하는 승호가 못마땅하게 생각되었다. 그러면서 한편으로는 승호에게 무슨 문제가 있는 건 아닐까 걱정도 되었다.

엄마들은 친구들 사이에서 분명하게 거절하지 못하고 천사처럼 모든 부탁을 다 들어주는 아이를 보면 한편으로는 답답하기도 하고 또

한편으로는 안타깝기도 하다. 자기 앞가림도 못하는 아이가 훗날 사회 생활을 제대로 할 수 있을까, 사람들에게 이용만 당하는 건 아닐까, 걱정도 든다.

그렇다면 아이는 왜 이렇게 친구들의 부탁을 거절하지 못하는 걸까? 이 시기의 아이들은 친구관계가 어른들의 상상 이상으로 중요하다. 자신의 정체성과 자존감과 존재감 등이 친구관계에서 생겨나기 때문이다.

집에서 아무리 '왕자', '공주'라고 해도 친구들 사이에서 '빵셔틀' 서열이면, 그 아이의 정체성은 빵셔틀에 머물고 만다. 지금 이 시기는 자신에 대한 모든 의미를 친구관계에서 찾아내기 때문이다.

친구들과의 관계 속에서 정체성 찾기와 자존감 형성은 일반적으로 사춘기가 시작되는 즈음부터 대략 고등학교 1, 2학년까지 이루어진

다. 이 시기에 친구관계가 잘 형성되면 좀 더 안정적이고 발전적인 정
서를 가질 수 있다. 반면 친구관계가 잘 형성되지 못하면 자존감이 낮
아져 자신감까지 잃을 수 있고 의기소침한 아이로 성장할 수 있다.

부모는 이런 모든 것이 너무 걱정되어 이렇게 저렇게 개입하며 고
쳐주고 싶어 한다. 그런데 나는 그러지 말라고 권한다.

성인이 되어서도 타인의 부탁을 거절하지 못하는 사람들이 우리
주변에 너무나 많다. 심지어 부탁을 거절하지 못하는 본인도 본인의
그런 성향을 몹시 바꾸고 싶어 한다. 이런 성향이 한순간에 고쳐지고
사람이 일순간에 달라질 수 있다면 성인이 되도록 그런 성향을 가지고
있을 리 없다.

그렇다면 우리의 아이들은 어떨까? 그 아이들의 마음속에 숨겨진
'두려움', 즉 배척당할 것에 대한, 무리에서 떨어져 나갈 것에 대한, 관
계가 깨질 것에 대한 수많은 두려움을 간번에 몰아낼 수 있을까? 그것
은 불가능하다.

그렇다면 아이들이 달라질 수 있도록 부모인 내가 해줄 것은 없을
까? 물론 있다. 그 첫 번째가 바로 아이와 친구가 되는 것이다. 아이가
부모를 좋은 사람, 대화가 통하는 사람, 의지할 수 있는 사람의 반열에
올려놓을 수 있도록 힘을 기울여야 한다.

일단 아이가 부모를 좋은 사람, 말이 통하는 사람이라고 느낀다면
부모의 이야기를 듣고 생각해보거나 실천해볼 여지가 생긴다. 그러나
아이들이 부모를 그렇게 느끼지 않는데, 아무리 부모가 아이의 귀에
좋은 소리를 쏟아낸들 그것은 바람처럼 흘러 지나가 흔적조차 남지 않
는다.

부모가 아이에게 좋은 사람이 된다면 아이는 부모의 말에 귀를 기울일 것이고, 일단 그 상태가 되어야 아이의 생각도 들어보고 엄마의 생각과 경험도 들려주는 상호성이 생겨난다. 물론 그 기세를 잘 유지하여 그 후에도 이렇게 해라, 저렇게 해라 하는 지시가 아니라 질문으로 대화해야 한다.

"그 친구는 어떤 생각을 할까?"
"너의 기분은 어때?"
"다음엔 어떻게 해볼래?"
"다른 방법은 없을까?"

이런 작은 대화들로 단번에 많은 성과를 낼 수 없을지도 모른다. 그러나 아이는 생각해볼 것이고 나름의 방법으로 조금씩 다르게 해보려고 할 것이다. 이런 작은 경험들이 쌓이고 시간이 지나면 당당하고 명쾌하게 거절하는 방법도 터득할 수 있다.

사람은 갑자기 성장하지 않는다. 우리의 아이들도 그렇고, 부모인 우리도 그렇다. 조금씩의 노력이 점진적인 변화를 가져올 것이고, 그런 변화가 우리를 성장시킬 것이다.

어제보다, 한 달 전보다, 1년 전보다, 10년 전보다 성장하고 있다면, 그것으로 된 것 아닌가.

부모가 그렇게 긴 시각으로 아이를 볼 때 아이는 더욱 빨리 성장하고 성숙해질 것이다.

04

우리 아이,
자존감은
괜찮을까?

"저, 반에서 왕따예요."

"나는 이런 거 못하는데……"

초등학교 2학년 경민이의 말 때문에 경민이 엄마는 몹시 신경 쓰인다. 담임 선생님은 아이가 친구들과 잘 지낸다고 하는데, 정작 경민이 스스로는 자꾸만 자신을 왕따라고 한다. 게다가 미술이든 체육이든 어떤 걸 해도 시작하기 전에 하는 첫마디가 못한다는 말이다.

그렇다고 경민이 엄마가 경민이에게 매사 부정적인 말을 사용한다거나 못한다고 타박하는 것도 아니다. 그런데도 이렇게 자존감이 낮은 경민이를 생각하면 경민이 엄마는 답답하기도 하고 속도 상한다.

아이의 나이가 어린 경우, 혹은 초등학교 고학년인 경우에도 아이들은 왜곡된 생각을 가지기 쉽다. 이런 것은 어른도 항상 경계해야 하는데, 어떤 일에 대해 너무 과장하고 왜곡해서 생각하는 현상이다.

부모들 중에도 아이에게 무심코 이렇게 말하는 경우가 많다.

"너 이렇게 공부 안 하면 노숙자 된다!"

"이런 걸 풀다니, 넌 천재야!"

작은 문제를 들먹이며 미래를 예견하거나 어떤 쪽으로 단정 짓는 것이다. 남편이 여자에게 문자를 받았으니 분명 바람을 피우고 있는 것이라고 비약하는 것과 같은 꼴이다.

경민이도 그런 경우였다. 자신의 논리적이지 못한 성격을 이유 삼아 어떤 한 가지 상황만을 놓고는 스스로를 단정하는 것이다. 나는 경민이에게 여러 질문을 했다. 반에서 친구들이 몇 명 있는지, 친하다고 생각하는 친구가 몇 명이고 보통이라고 생각하는 친구는 몇 명인지, 어떤 일 때문에 자신을 왕따라고 생각하고 있는지 등에 대해 깊게 물어보았다.

경민이는 반에서 어떤 아이 한 명이 자신을 놀리는데, 그 아이가 다른 아이들에게 자신과 놀지 말라고 얘기하는 것을 들었다고 했다. 또 반에 여자아이가 열 명인데 그중 일곱 명과 보통으로 친하고, 깊게 친한 친구는 세 명이라고 했다.

그 놀리는 아이는 경민이뿐만 아니라 몇 명의 아이를 놀림의 대상으로 삼고 있다고 했다. 경민이는 어떤 친구가 자신을 놀렸고, 다른 아이들에게 자신과 놀지 말라고 했으며, 다른 아이들이 이제 자신과 놀아주지 않을 것이니, 자신을 왕따라고 생각했던 것이다.

아이의 마음속에 왜곡된 생각이 자리 잡고 있었던 것이다. 나는 경민이에게 정말 왕따란 어떤 것인지 알려주었고, 반 아이가 열 명인데 그중 일곱 명이 보통으로 친하고 아주 친한 친구가 세 명이나 있는 사람은 왕따가 아니라고 설명해주었다.

그리고 자신을 놀리는 아이에 대해 들여다볼 수 있도록 도와주었다. 그 아이가 자신만 놀린 것인지, 그 자리에 다른 아이가 있었다면 또 다른 아이를 놀리지 않았을지, 그 아이는 다른 친구를 왜 놀리는 것인지에 대해서도 함께 생각해보았다.

경민이는 그 질문들 끝에 그 아이는 전 학년에서 왕따를 경험한 아이였고, 자신이 당한 것을 분풀이하고 싶은 마음에 다른 아이들에게 그렇게 하는 것 같다고 결론 내렸다. 또 그 상황에서는 상대 아이가 잘못한 것이지, 경민이 자신의 잘못은 없다는 것도 인지했다.

경민이에게 이번 상담으로 새로 알게 된 사실이 있는지 물으니 지금까지 자신을 왕따라고 생각한 것이 잘못임을 알게 되었다고 답했다.

누구든 왜곡해서 생각할 수 있다. 어떤 한 가지에 골몰하고 집중하다 보면 꼭 그렇게 될 것처럼 생각되는 것이다. 어른들 중에도 이런 사람들이 얼마나 많은가? 지인 증에 새로운 사업을 시작해서 1년을 넘기기 전에 항상 폐업하는 사람이 있다. 사업을 시작해서 어느 정도 시간이 지나면 그 사업만의 단점이나 문제점이 발생하는데, 그때마다 그 부분에만 집중하여 생각하다가 '이 사업은 빨리 접는 게 돈 버는 것이다'라는 생각에까지 미쳐 결국 폐업하는 것이다.

경민이도 친구에게 놀림을 받는 충격적 상황과 잠깐 동안 친구들이 보여주었던 태도에 집중하다 보니 자신을 왕따라고 결론 내리고 위축되어 있었던 것이다.

아이들도 이처럼 왜곡된 생각에 빠져드는 때가 있다. 물론 진짜 왕따를 당하는 것이라면 어떻게 해야 할지 생각해봐야겠지만, 이렇게 스스로 왜곡된 생각을 가지고 있는 것이라면 아이에게 합리적이고 논리적인 방식으로 설득을 시켜야 한다.

아이들이 자신을 왕따라고 할 때 그 말을 무조건 믿지 않는 것도 큰 문제지만, 무조건 믿고 조치를 취하려고 나서는 것 또한 경솔한 행동이다. 이럴 때는 좀 더 세심하게 알아볼 필요가 있다.

우선 어떤 상황을 두고 왕따를 당하는 것이라고 생각하는지 들어보는 것이 중요하다. 그다음에 왕따를 시키는 아이의 성향이 이 아이 저 아이에게 자주 그런지, 아니면 한 아이만을 타깃으로 삼아 집중적으로 공격하는 것인지, 주변 아이들의 반응은 어떤지 등을 알아보아야 한다.

앞에서 예를 든 경민이처럼 왜곡된 생각을 가지는 경우가 종종 있다. 왕따의 문제에만 국한되는 게 아니다. 자신은 뚱뚱하다거나 못생겼다거나 인기가 없다거나 공부를 못한다거나 건강하지 못하다거나 하는 생각들도 마찬가지다. 특히 요즘은 마른 체형의 연예인들이 인기를 끌고 있어서, 중고생들 중 극히 평범한 체형임에도 자신이 뚱뚱하다고 생각하여 지나치게 다이어트를 하거나 의기소침해지는 경우가 많다. 이런 경우, 적극적으로 바로잡기 위해 더 논리적인 정보를 줄 필요가 있다. 언제부터 그런 생각을 갖게 되었는지 알아보고 자신이 왜곡하여 생각하는 부분도 함께 알아보아야 할 것이다.

부모는 아이들이 성장하면서 어떤 한 가지 생각에 지나치게 골몰하여 왜곡되고 편협하게 생각하고 있지는 않은지 중간중간 점검해야 한다. 이런 점검은 물론 아이와 좋은 관계를 유지하고 있을 때 가능하다.

어른들이 그렇듯 아이들도 자신과 사이가 좋지 않은 사람에게 자신의 마음속 이야기를 꺼내놓지 않는다. 아이들의 생각을 알아보고 싶거나 다르게 바꾸어주고 싶다면 먼저 아이와의 관계를 좋게 만들기 위해 힘써야 한다.

공부를 아무리 잘해도 아이가 스스로를 왕따라거나 못난 사람으로 인식하고 있다면 자존감이 낮아지고 지금 잘하는 공부도 그리 오래가지 않는다.

인생은 기나긴 마라톤과 같다. 가끔 탈선도 하고 목적지를 잃고 헤매기도 한다. 사랑하는 아이가 잠시 왜곡된 생각으로 자신을 위축시키고 있다면 부모는 따뜻한 손을 내밀어야 한다. 그리고 함께 뛰어주어야 한다. 아이가 혼자서 다시 힘차게 자신의 레이스를 달릴 힘을 얻을 때까지 말이다.

왜
친구들과 관계 맺기를
힘들어할까?

"우리 애는 또래들과 어울리기를 힘들어해요."

"다른 아이들은 친한 친구들도 많은데 우리 애는 외톨이로 지내는 것 같아 마음이 아파요."

요즘 들어 부쩍 아이를 이끌고 상담실을 찾는 엄마들이 많다. 그 아이들 대부분은 친구관계가 문제다. 자녀가 한두 명씩인 추세라 자연스런 현상이라고 여기는 부모도 많다. 하지만 그 속을 들여다보면 꼭 자녀의 수가 적다고 생겨나는 문제만은 아니다.

다섯 살 병훈이는 유치원에서 말썽꾸러기로 통한다. 병훈이는 또래에 비해 말이 많이 늦는 편이고 표현도 능숙하지 못하다. 그래서인지 친구들에게 함께 놀고 싶다거나 관심이 있다는 표현을 하는 게 거칠기 짝이 없다. 어제도 병훈이가 가만히 앉아 놀고 있는 태연이의 머리를 잡아당기다 태연이가 뒤로 넘어져서 울음을 터뜨리는 일이 있었다.

병훈 엄마는 선생님으로부터 병훈이가 자주 친구들에게 그런 거친 행동을 한다는 말을 들었다. 그럴 때마다 '우리 애만 왜 그럴까? 다른 애들은 저렇게 친구들과 잘 어울리는데……' 하는 생각이 든다. 그렇다고 또래들과 잘 어울리지 못하는 애를 혼내고 야단칠 수도 없는 노릇이어서 속만 타들어간다.

병훈이는 집에서도 동생이 뭔가 가지고 있으면 허락을 구하지도 않고 휙 빼앗아서 동생을 울리곤 한다. 이때 동생이 대들기라도 하면 거침없이 폭력을 행사한다. 그렇다고 병훈이 엄마 아빠가 자주 다투거나 하는 것도 아니기에 병훈 엄마로서는 어떻게 해야 할지 난감하기만 하다.

사실, 병훈이는 유치원이나 초등학교 저학년 교실에서 쉽게 볼 수 있는 유형의 아이이다. 물론 이런 아이를 둔 엄마의 속은 그야말로 속이 아니다. 내 아이가 친구들과 관계를 맺기를 힘들어하고 혼자 외톨이 신세가 되는 것보다 더 속상한 일도 없다. 이는 아이가 초등학교에 들어가고 고학년이 되고 훗날 사회인이 되어서도 비슷한 길을 걸을 가능성이 높다는 것을 잘 알기 때문이다. 그래서 아이를 볼 때마다 안타깝고 두려운 것이다.

엄마들은 내 아이가 친구들과 관계 맺기를 힘들어한다는 것을 알았을 때 십중팔구는 당황해한다. 아이에게 혼자서 쭈뼛거리지 말고 또래들과 잘 지내보라고 말도 해보고, 때로 혼도 내보지만 아이는 딱히 변하지 않는다. 그렇게 속만 태우다 한두 해가 지나다 보면 아이가 점점 더 내성적이고 소극적으로 변해감을 느끼게 된다.

물론 병훈이 같은 아이 모두가 다음 사례의 정수처럼 변모하지 않을 수도 있겠지만, 이렇게 진행되는 경우도 많기에 소개한다.

초등학교 5학년인 정수 생각만 하면 엄마는 마음 한구석이 아린다. 정수가 저학년 때에는 그나마 또래들과 잘 어울리곤 했는데 학년이 올라갈수록 반에서 외톨이 신세가 된 것이다. 쉬는 시간과 점심시간에 주로 혼자서 보내고 급식 때도 다른 아이들과 대화도 없이 밥만 먹는다. 얼마 전에는 한 친구에게 맞아 얼굴이 멍든 채 집으로 와 가슴이 철렁 내려앉은 일도 있었다. 정수 엄마는 정수가 좀 늦는 아이라고 생각하며 마음을 추스르려고 했지만 쉽지 않았다.

정수 엄마는 이렇게 토로했다.

"학습이나 말 또는 생각하는 것이 또래에 비해 늦는 건 사실이에요. 하지만 그런 것과 상관없는 다른 시간에도 또래들 사이에 끼지 못하는 정수를 생각하면 정말 안타깝고 답답합니다. 정수에게 오늘 학교에서 무얼 하면서 보냈는지 물어보면 그저 쉬는 시간에 혼자서 그림을 그리며 놀고, 점심시간에는 도서관에 가서 책을 본다고 하더라고요. 그 말을 들으니 정수의 미래까지도 걱정이 됩니다."

며칠 전 정수 엄마는 정수의 학교생활을 살펴보기 위해 학교로 찾아갔다. 마침 정수네 반은 운동장에서 체육을 하고 있었다. 정수 엄마는 반가운 마음에 정수를 찾아보았는데, 정수 혼자 구석에서 땅을 파며 놀고 있었다. 아이들은 삼삼오오 무리 지어 깔깔거리며 모두 열심히 선생님의 동작을 따라 하고 있는데 정수는 마치 투명인간처럼 따로 떨어져 놀고 있었다.

간혹 엄마가 정수에게 "오늘 학교에서 어떻게 지냈어?"라고 물어봐도 반 아이들과 어울려 놀았다는 이야기를 듣기가 어렵다. 요즘은 수업 시간에 모둠 활동을 많이 하는데 모둠 활동에 필요한 것들을 준비해 가도 정수의 의견이 채택되거나 정수가 모둠 활동에 참여해서 무언가를 하는 적이 거의 없다.

한번은 정수 엄마가 담임 선생님에게 면담을 요청했다. 선생님은 정수가 모둠 활동에도 잘 참여하지 않고 반에서 특별히 친한 친구도 없다고 말했다. 선생님이 보기에 정수가 너무 소극적이어서 아이들에게 다가가지도 않고, 때로 정수에게 다가간 아이들도 정수가 별다른 대꾸도 없고 활동도 없으니 몇 번 말을 걸어보다 그냥 관심 밖으로 둔다는 것이다.

정수 엄마는 어디서부터 잘못된 것인지 알 길이 없어 속만 타들어 간다. 더욱이 정수에게 "다른 아이들이 마음에 안 들어?"라고 물어보면 그것도 아니란다. 그러니 정수 엄마는 미칠 지경이다. 가장 염려되는 것은 반에서 외톨이인 정수가 거친 아이들을 만나 폭력을 당하는 일이 생기지 않을까 하는 것이다. 그래서 정수 엄마는 요즘 정수만 생각하면 잠이 오지 않는다고 심경을 토로했다.

어릴 때 상대의 상황이나 감정을 배려하지 못하고 돌출 행동을 하며 폭력적 성향을 보이던 아이들이 성장해가면서 다양한 아이에게 반복적인 배척을 받으면서 점차 소극적이고 내성적으로 바뀌는 경우가 꽤 많다. 그 아이들의 성격이 변했다기보다는 상황이 아이들을 그렇게 만들었다는 게 더 맞겠다.

어릴 때는 많은 아이가 활동적인 놀이를 즐기기 때문에 약간 돌출 행동을 하더라도 크게 반응하지 않고 받아주는 경향이 짙다. 하지만 생각이 깊어지고 육체적인 놀이보다 또래들과 관계가 형성되는 고학년이 되면서부터는 이런 친구들은 일명 왕따가 되어 학교 폭력의 대상이 되기 쉽다. 그래서 저학년 때 가까이 지내던 친구들도 멀리하게 된다. 또래들이 외면하는 친구와 가까이 지내다가 봉변을 당할 수 있다는 생각에서 거리를 두는 것이다.

부모는 이런 아이의 모습을 한순간에 고쳐주고 싶어 한다. 그래서 이렇게 저렇게 하라며 가르치기도 하고 혼내기도 한다. 그러나 아이의 현재 모습은 한순간에 형성된 것이 아니므로 단숨에 변화를 기대해서는 안 된다.

이 아이들은 긴 시간 부모님과 서로 공감하고 배려하는 대화를 하지 못했을 가능성이 매우 크다. 어린 시절부터 이루어져야 하는 공감 대화, 정서 대화가 형성되지 않은 상태에서 부모가 아이에게 지시하고 훈계하고 잔소리하고 윽박지르는 대화만을 해왔다면 아이는 자존감이 낮고 덩달아 자신감도 없는 아이로 성장하게 된다. .

아이가 친구를 배려하지 못한다면 아이 자신이 가정에서 배려받지 못한 까닭이 크다. 학교에서의 사회성은 일차적으로 가정에서 배워야 하는 것이기 때문이다. 가정에서 서로를 이해하고 배려하고 공감해주는 분위기에서 자란 아이라면 학교에서도 그렇게 할 것이다. 그런 아이에게 친구가 없을 이유가 없고 그런 아이가 소극적일 이유도 없다.

낮은 자존감과 낮은 사회성은 아이가 장시간 좋지 않은 환경 속에 노출됨으로써 형성된 것이다. 그러므로 부모가 책임감을 가지고 더 긴 시간 인내하며 부모로서의 대화법을 고쳐나가야 한다. 부모가 이러한 노력을 차근차근 해나간다면 아이도 조금씩 자신의 껍질을 깨고 세상과 손잡는 방법을 배우게 될 것이다.

먼저 부모 스스로 천천히 인내하며 변화하는 법을 배우자. 그러면 곧 아이의 변화를 볼 수 있을 것이다.

열심히 공부하는데
왜
성적은 그대로일까?

"우리 애는 공부 쪽은 아닌가 봐. 머리가 나쁜 것 같진 않은데 공부 머리는 아닌 것 같아. 그렇다고 예체능을 잘하는 것도 아니고, 뭘 시켜 봐야 할까?"

많은 부모가 아이의 성적 때문에 고민한다. 만일 이런 푸념을 하지 않는 부모라면 아이의 성적이 상위권이거나 아예 공부를 포기했거나 둘 중 하나일 것이다.

아이의 성적 때문에 상담을 요청하는 엄마들이 많다. 그럴 때면 엄마나 아이나 모두 안타깝다는 생각이 앞선다.

아이의 성적이 고민스러울 때 엄마는 아이에게 어떻게 해줘야 할까? 아이한테는 천성적으로 '공부머리'가 없는 것이니 공부 쪽을 포기해야 할까? 아니면 억지로라도 공부를 하도록 이끌어야 할까?

우리 주변에는 지금부터 소개하려는 진관이와 연홍이 같은 아이들이 매우 많다.

초등학교 4학년인 진관이는 학원을 가치고 집에 돌아오면 밤 여덟 시이다. 엄마 아빠가 모두 맞벌이를 하기 때문에 학교 수업이 끝나자마자 학원 종합반에 가서 종일 전 과목을 공부하고 돌아오면 딱 그 시간이다. 학원에서 숙제까지 마치고 오기 때문에 집에 오면 밥 먹고 텔레비전을 보다 컴퓨터 좀 하고 자는 것이 일상이다.

진관이의 엄마 아빠는 일을 마치고 집에 오면 녹초가 된다. 그래서 진관이의 숙제도 제대로 봐주지 못한다. 게다가 요즘은 초등학생들의 학습 내용이 예전에 비해 어려워서 진관이의 엄마 아빠가 가르치다가도 막히기 일쑤였다. 그래서 궁리하다 찾아낸 것이 학원 종합반이었다. 학원 종합반은 수강료가 다소 비싸지만 늦게까지 진관이가 머물 수 있고 숙제며 공부를 다 해결할 수 있었다. 그래서 진관이가 종합반에 들어간 후 진관이 엄마는 다소 마음이 놓였다.

실제로 진관이가 학원 종합반에 들어가고 난 뒤부터 성적이 올랐기에 엄마도 잘한 선택이라고 믿게 되었다. 그래서 진관이의 부모는 학원비만 열심히 내주면 되겠다고 생각했다.

연홍이는 집안의 맏이로 책임감이 강하고 성품이 착한 편이다. 어른들이 심부름을 시키면 한 번도 싫다고 하지 않고 잘하는 예쁜 아이다. 한 가지 안타까운 점은 노력에 비해 학교 성적이 좋지 않다는 것이다. 평상시 한두 시간은 꼭 책상에 앉아 있고, 시험 기간에는 더 열심히 공부하는데도 성적은 중하위권을 벗어나지 못한다. 그 정도 공부하면 대부분 성적이 중상위권일 텐데 연홍이는 그렇지 못하다.

며칠 전에도 연홍이 엄마에게서 전화가 걸려왔다.

"우리 연홍이는 공부머리가 없는 건지 공부가 적성에 맞지 않는 건지, 도무지 성적이 오르지 않아요. 어떻게 해야 연홍이의 성적을 올릴 수 있을까요?"

다행히 연홍이는 학교와 학원에서 과제로 내주는 분량은 꼭 풀려고 노력한다. 또 인내심도 있어서 일단 책상에 앉으면 한두 시간은 너끈히 버틴다. 그런데 왜 성적이 오르지 않는지 연홍이 엄마는 도통 이해할 수가 없다.

진관이는 4년 후인 현재 180도 다른 인생을 살고 있다. 중학교 2학년 때 진관이는 내 상담실을 찾았다. 비행을 저질러 학교에서 주는 벌로 상담 과정을 이수해야 했기 때문에 온 것이다. 나름 모범생으로 성적도 좋았던 진관이가 불과 4년 만에 비행 청소년이 된 까닭은 무엇일까?

사람들은 진관이에게 '비행 청소년'이라는 딱지를 붙이고 있지만 진관이는 살면서 지금이 제일 편하다고 말한다. 미래의 계획도 명확하다. 오토바이를 탈 수 있는 피자 배달을 하면서 돈을 벌겠다는 것이다. 실제로 고1인 형이 학교를 자퇴하고 피자 배달을 하며 지내는데 부모님이 형에게는 잔소리도 하지 않는다. 그래서 밤에도 자유롭게 나다니고 돈도 버는 형이 매우 부럽다는 것이다. 진관이에게 자퇴한 형은 그야말로 롤모델인 셈이다.

어쩌면 진관이의 사례가 매우 극단적으로 느껴질 수도 있겠다. 하지만 주위를 둘러보면 진관이 같은 아이가 제법 많다. 내 상담실에는 진관이와 같은 전철을 밟는 아이들이 엄마 손에 이끌려 수시로 드나든다.

부모는 자식을 금쪽같이 여기며 키운다. 하지만 그들의 자녀 훈육 방식을 보면 나는 놀라움을 금치 못한다. 아이와 소통하기보다 부모의 입장에서 일방적으로 대화를 이끌고, 지시하고, 선택과 자율을 제한하기 때문이다.

부모는 우선 아이와 소통이 가능하도록 관계를 부드럽게 만들어야 한다. 당장의 성적 때문에 잔소리를 해대는 것은 효과도 없고 개선도 잘되지 않는 원인일 뿐이다. 그보다는 잔소리를 참고, 아이들과 대화를 나눌 자세를 갖추어야 한다.

진관이 같은 경우는 부모가 차근히 정서적으로 채워주고 함께해주며 그동안의 부모의 부재를 메꿔주고 친구 되기를 시작해야 한다. 친구 되기에 성공했다면 그 후에는 어떤 점이 힘든지, 고민이 무엇인지, 서로 진솔한 이야기를 나누어야 한다.

부모 대부분은 아이들은 태평하고 아무 고민이 없는데 부모 본인들만 발을 동동 구른다고 착각한다. 그러나 그렇지 않다. 아이들도 나름대로 자기 인생을 놓고 걱정도 고민도 많이 한다. 아이들도 무수히 어른들과 상의하고 조언을 얻고 싶지만, 어른들이 평상시 말이 통하지 않고 윽박지르고 잘못을 지적하는 모습만 보이기에 상의할 수 없는 것이다. 그러니 차근히 아이들에게 접근하고 이야기하다 보면 조금씩 실타래가 풀리듯 해결해 나아갈 수 있다.

아이들이 성적이 떨어지는 것에는 크게 두 가지 이유가 있다.

첫 번째는 정서적인 안정이 이루어지지 않아서이다. 진관이처럼 정서적으로 채워지지 않고 불안정한 부분이 계속 자리 잡고 있으면 공부가 끼어들 수 없다. 이런 경우, 우선 정서적 안정이 선행되어야 비로소 공부할 환경이 갖추어진다고 볼 수 있다.

두 번째로는 공부하는 기술과 테크닉이 부족한 경우다. 연홍이처럼 정서적 불안 요소도 없고 계속 꾸준히 하는데도 뭔가 잘 안 되는 경우가 그렇다. 이럴 때는 어떤 문제점이 있는지 세심하게 지켜볼 필요가 있다. 수학이나 과학처럼 전에 배운 것이 쌓여 있지 않으면 다음 학년에 따라잡기 힘든 과목은 어떤 곳에 결손이 있는지, 어떤 부분이 취약한지 파악하는 것이 우선이다. 국어나 사회 같은 과목이 힘들다면 기본적인 문맥 이해 능력이나 핵심 파악 능력 등이 떨어지는 것은 아닌지를 살펴보고 보완을 위해 노력해야 한다. 전문가에게 도움을 받는 것도 좋은 방법이다.

전자이든 후자이든 늘 중요한 원칙은 부모와 자식이 한 팀이어야 한다는 것이다. 둘은 공동의 관심사, 즉 성적을 올리는 문제를 극복하기 위한 한 팀이어야 한다. 서로 더 좋은 방법을 찾기 위해 노력하고 합의해 나아가야 할 것이다. 지적하고 비난하는 것은 한 팀의 모습이 아니다.

부모와 자식은 다리를 서로 묶고 달리는 달리기의 주자다. 부모가 앞서도, 자식이 뒤처져도 안 된다. 서로 함께 발을 맞추고 같은 목표점을 바라보며 차근차근 달려가야 한다.

부모가 너무 앞서려는 조급함을 버리고, 아이의 손을 잡고 바로 앞의 걸음을 바라보며 호흡을 맞출 때 결승점까지 무사히 갈 수 있다. 또 아이도 부모를 지겹고 무서운 사람, 어렵고 힘든 사람으로 느끼지 않고 늘 손 맞잡아 함께 달리고 싶은 사람으로 느낄 때 행복한 완주가 가능하다. 부디 행복한 완주자가 되기 우한 위대한 첫발을 떼는 훌륭한 부모가 되길 바란다.

금방 울고 성내고,
왜
감정 조절이 잘 안 될까?

은서 엄마는 어떻게 은서 같은 아이가 내 딸일까 싶다. 은서 엄마는 털털하고 시원시원한 성격인데, 은서는 까칠하기가 이루 말할 수 없다. 유치원 가는 아침이면 은서는 은서대로, 엄마는 엄마대로 녹초가 된다.

어떤 날은 좋아하는 반찬이 없다며 투정하고 그래도 늦었으니 어서 먹으라고 하면 이내 눈물을 뚝뚝 떨어뜨린다. 그게 울 일인가 싶어 은서 엄마는 또 어이가 없다. 또 어떤 날은 몹시 추운데도 외투를 입지 않겠다며 떼를 쓴다. 은서 엄마는 은서를 너무 오냐오냐하고 받아줘서 그런가 싶어 엄하게도 대해보고, 은서의 마음을 몰라줘서 그런가 싶어 원하는 대로 다 들어주기도 하지만 은서는 점점 더 심해질 뿐이었다.

이제 엄마는 은서와 부딪히기 싫어 웬만한 일은 은서 뜻대로 하도록 내버려둔다. 한겨울에 슬리퍼를 신고 가든 외투를 입지 않고 가든,

지독한 감기에 걸려 고생해보면 다신 안 그러겠지 하는 생각에 그냥 내버려둔다.

은서 엄마도 방임하는 부모는 아이를 망친다는 것을 익히 들어 잘 알고 있다. 하지만 은서 엄마도 사람들에게 한번 묻고 싶다. 아무리 어르고 달래도 부모의 말을 듣지 않는 아이에게 뭘 어찌 해야 하는 거냐고……. 방임하면 아이를 망친다고 말하는 그 사람은 은서 같은 아이를 키워보지 않았을 거라며 항변하고 싶어진다.

오늘도 이것저것 다 해봤지만 사소한 일에 울고 짜증내는 은서를 그저 물끄러미 바라볼 뿐이다. '어떻게 은서 같은 아이가 내 뱃속에서 나왔을까' 하는 생각만 든다.

어디서부터 꼬인 실타래를 풀어가야 서로의 마음에 맞닿을 수 있을까? 도저히 답이 보이지 않는 탓에 은서 엄마는 오늘도 부글부글 끓는 속을 꾹 눌러 참고 있다.

사실 많은 엄마가 사소한 것에 툭하면 울고, 화내고, 감정 조절이 안 되는 아이 때문에 고민스러워한다. 이런 아이를 둔 엄마들은 아침부터 육아 전쟁이다. 누군가 우리 아이의 문제 행동을 고쳐주면 원하는 것을 모두 들어주고 싶은 심정이다. 그만큼 아이 때문에 감정과 에너지 소모가 심하다는 의미다.

수호도 은서처럼 예민한 아이였다. 은서와는 다른 방법으로 표현하고 있으나, 내면 깊은 곳은 은서와 비슷한 모습이었다.

수호 엄마는 크고 작은 문제들을 일으키는 수호 때문에 골머리를 앓고 있다. 며칠 전의 일을 떠올리면 지금도 얼굴이 화끈 달아오른다. 너무나 자존심이 상하는 일이었기 때문이다.

수호 엄마는 학교에 가서 각서를 써야 했다. 다시 한 번 수호가 사고를 일으키면 전학을 시키겠다는 각서였다. 수호에게 맞은 아이의 엄마가 각서를 요구해서 어쩔 수 없었던 것이다. 그동안 숱한 사고를 쳐 온 수호였기에 엄마도 더 이상 담임 선생님에게 말로만 변명할 수도 없었다. 각서를 쓰는 내내 죄인이 된 것 같았고, 쥐구멍이라도 있으면 숨고 싶은 심정이었다.

수호는 키도 작고 좀 마른 편이다. 그런데 반에서는 누구도 수호를 건들지 못한다. 이번에도 수호에 대해 잘 모르는 전학생 찬수가 수호 앞에 새치기를 하는 바람에 벌어진 일이었다. 자기 바로 앞에서 새치기한 것을 참을 수 없었던 수호가 찬수를 때리자 찬수도 수호에게 맞

받아쳤다. 이에 수호는 찬수의 팔을 잇자국이 선명하도록 물어버렸다.

전학 온 지 얼마 안 된 찬수가 수호에게 물린 것이 벌써 세 번째였다. 수호는 덩치도 크고 주먹도 센 찬수를 이길 방법으로 팔을 무는 것을 선택했다. 같은 아이에게 세 번이나 물려오자 더는 참을 수 없었던 찬수 엄마가 교장을 찾아갔고, 수호 엄마는 학교에 가서 거듭 죄송하다는 사과의 말과 함께 각서까지 써야 했던 것이다.

우리 주변에 수호 같은 '사고뭉치' 아이들이 꽤 많다. 이런 아이를 둔 부모와 대화를 해보면 부모와 아이의 기질이 너무나 달라 도무지 이해가 되지 않는다고 말한다. 그러다 보니 아이가 왜 그렇게 행동했을까, 하며 아이의 입장에서 헤아려보기보다는 '쟤 누굴 닮아서 저 모양일까? 한 번만 더 문제 행동을 해봐라, 절대 가만두지 않겠다!'며 벼르게 된다. 이처럼 감정의 날이 서다 보니 본의 아니게 아이에게 상처를 주는 말과 행동을 하게 된다.

대부분의 엄마는 아이를 대하는 감정에서도, 주변 상황을 인식하는 것에서도 많이 서툴고 둔감하다. 그러다 보니 예민한 아이는 감정이 실린 엄마의 말과 행동에 순간순간 당황하고 놀라게 마련이다. 그러면서 아이는 자신의 감정을 몰라주는 엄마에 대해 원망과 서운한 마음을 갖게 된다. 그래서 점점 더 예민해지고, 거칠고 공격적인 아이로 변하게 된다.

아이가 울고 화내는 것은 엄마에게 보내는 감정 신호이다. 그런데 대다수 엄마는 '왜 내 아이는 감정 조절이 잘 안 될까' 하고 감정 조절이 안 되는 것 자체를 문제 삼고 미리 문제아로 낙인찍어버린다. 아이

의 행동에 담긴 욕구 불만에 대해 깊이 생각해보는 것은 제대로 시도
조차 하지 않는 것이다.

나중에 안 일이지만 수호의 경우에도 나름의 이유가 있었다. 수호
는 어릴 때 자신이 다른 친구들에게 맞거나 당하고 오는 상황에서도
자신을 보호해주지 않는 부모에게 배신감을 느꼈다. 그래서 스스로 자
신을 지키겠다는 마음을 키워오다 그것이 점차 과해져 지금처럼 습관
적으로 거친 행동을 하게 된 것이다.

아이들은 유치원이나 초등학교 등의 낯선 환경에 노출될 때 매우
불안해하고 긴장한다. 특히 수호 같은 아이는 이런 성향이 다른 아이
들에 비해 예민하다. 이것은 그야말로 타고난 기질이 원인인 경우가
많다.

언젠가 한 텔레비전 프로그램에서 생후 1년이 안 된 아기들을 대
상으로 재미있는 실험을 한 적이 있다. 실험에 참여한 아기들은 모두
같은 화면을 보게 되는데 그 화면에는 남자와 여자가 섞인 낯선 사람
들의 모습이 나왔다. 모두 같은 화면을 보았지만 몇몇 아기들은 흥미
를 보이며 눈을 동그랗게 뜨고 좋아하는가 하면 같은 화면을 보고도
긴장하고 불안한 마음에 울며 보채는 아기들도 있었다. 새롭고 낯선
것을 탐구해보고 도전해보는 것에 흥미를 느끼는 기질의 아이들과, 익
숙한 것을 좋아하고 알고 있고 정해진 상황들을 편안해하는 조용한 기
질의 아이들이 분명 있다.

새로운 것을 좋아하는 아이라면 커가면서 좀 산만하게 느껴질 것
이고, 자유로운 것을 갈구하는 성향이 강하게 마련이다. 익숙하고 정
해진 틀을 좋아하는 아이라면 시키는 것을 철저히 해내려는 모범생이

될 확률도 높지만 창의적이고 자유로운 삶과는 좀 거리가 있을 것이다. 이렇게 아이들이 각자의 개성을 가지고 태어나는 것은 인류를 위해 너무나 다행스러운 일이다. 하지만 문제는 아이와 부모의 성향이 맞지 않아 불협화음이 생긴다는 것이다.

규범적이고 안정적인 것을 좋아하는 엄마가 산만하고 창의적인 아이를 키울 때, 도무지 아이의 태도를 이해할 수 없으니 스트레스의 강도가 심해진다. 반면 자유롭고 충동적인 엄마가 규범적이고 변화를 불안해하는 아이를 키울 때 역시 엄마는 자신도 모르게 아이에게 심한 스트레스를 받고 그 결과 아이에게 상처가 되는 언행을 일삼게 된다. 이는 엄마가 아이의 입장에서 이해하고 공감하려고 노력하기보다 어른인 엄마의 입장에서 생각하기 때문에 빚어지는 현상이다. 아이와 소통이 되지 않고 불통이 되는 것이다.

그렇다면 이렇게 다른 기질을 가진 부모와 아이의 관계에서 부모는 아이에게 무엇을 어떻게 해주어야 할까? 많은 엄마가 아이와 부딪히는 문제를 풀기 위해 다양한 자녀교육서를 읽고 육아 전문가의 세미나에 참여한다. 하지만 책을 읽거나 세미나에 참여해서 전문가의 강의를 들을 때는 해법을 찾은 것 같지만 막상 지나고 나면 도무지 혼란스럽기만 하다.

나는 툭하면 울고, 화내고, 감정 조절이 잘 안 되는 아이를 둔 엄마들에게 다음과 같이 조언한다.

"아이의 눈높이에서 이해하고 공감하려고 노력하세요. 동시에 아이가 보내는 울고, 화내고, 감정 조절이 안 되는 신호를 제대로 읽어야 합니다. 그렇게 아이에게 진심으로 다가가는 노력을 할 때 아이 역시 차츰 엄마(부모)를 이해하게 됩니다."

다시 말하지만 툭하면 울고, 화내고, 감정 조절이 잘 안 되는 아이에게 엄마의 따뜻한 마음보다 더 꼭 맞는 열쇠 같은 해법은 없다.

권위 있는 부모 되기

많은 부모가 '권위'를 갖고 싶어 한다. 힘으로 자녀를 찍어 누르는 것이 아니라 자녀가 자발적으로 부모의 말을 엄하게 듣고 깊이 새기는 관계를 이루고 싶어 한다. 이런 권위를 갖으려면 어떻게 하면 좋을까? 그리고 왜 많은 부모가 '권위' 있는 부모 되기에 실패하고 있을까? 권위라는 것은 대체 어디서 나올까? 수많은 부모가 이런 질문들을 쏟아내고 나 또한 그들에게 이 공공연한 비밀을 교육시킨다.

자, 그럼 권위란 대체 어디서 나올까?

권위는 부모의 말과 행동에서 나온다. 이것은 우리가 너무나 잘 알고 있어서 또 다시 이야기하는 것 자체가 낯뜨거울 지경이다. 부모의 권위는 그들의 말과 행동에서 나오며, 그들의 말과 행동은 그들의 생각과 가치관에서 나온다. 그렇다면 가장 중요한 것은 무엇일까? 좋은 부모, 권위 있는 부모가 되려면 늘 자신의 가치관을 점검하고 바로 세우려 노력해야 한다. 그리고 스스로 가치관과 일치된 삶을 살고자 노력해야 한다.

많은 부모가 이런 책들을 통해 특별한 비법을 배우려고 한다. 지금 당장 아이의 행동을 바꿔줄 묘수, 차가워진 관계를 갑자기 녹여줄 비법, 아이의 공부 동기를 획기적으로 올려줄 기발한 아이디어를 기다릴지도 모르겠다. 그러나 내가 상담 공부를 하고, 많은 부모를 만나고, 내 아이를 기르면서 터득한 가장 좋은 묘수는 바로 이것, 바로 '부모가 바른 가치관을 가지고 똑바로 사는 것'이다.

부모가 바르게 살면 대부분의 아이는 부모의 모습을 보며 바르게 성장한다. 상담을 하며 많은 상담사가 비슷하게 느끼는 한 가지는 아이의 부정적 증상은 대부분 부모가 가진 마음의 병이 그 원인이라는 점이다. 아이가 바르지 못한 행동을 한다면 많은 경우 부모의 행동이 바르지 못하다.

당신이 매 순간 사소하든 중요하든 어떤 것을 결정할 때 다른 것보다 우선하여 기준을 삼는 것, 그것이 당신의 가치관이다. 길에서 돈을 주웠을 때 잠깐의 갈등 후 주머니에 돈을 넣었다면, 그 사람에게 우선하는 가치관은 '이익'일 것이다. 그러나 갈등 후 주인을 찾아주기로 결정했다면 '정직'이 우선적 가치관일 것이다.

부모가 삶에서 중시하는 가치관을 자녀도 많은 부분 습득하게 된다. 자녀는 책에서 삶을 배우는 것이 아니라 부모를 보고 배우기 때문이다. 좋은 부모가 되고 싶다면 자신이 부모로서 좋은 가치관을 가지고 있는지 수시로 점검하고 매 순간 자신이 어떤 가치관을 아이에게 유산으로 물려줄지를 결정해야 한다.

　　부모의 가치관이 이처럼 신중하고 무게 있게 결정되면 그 속에서 나오는 말과 행동에도 자연히 무게가 실리게 마련이다. 상황을 모면하기 위해 섣부른 약속을 하지 않거나 위장되고 포장된 가면은 쓰지 않는 것이다. 몇 가지 좋은 테크닉을 배우자면 효과를 볼 수도 있을 것이다. 그러나 자신과 자녀를 속이는 근본이 썩은 테크닉은 그 효과가 오래갈 수 없다. 맑은 물을 담아두어도 그릇이 더러우면 더러운 물이 되는 것이다.

　　좋은 부모가 되고 싶다면, 강좌나 책을 보며 테크닉을 익히기 위해 애쓰고 수고하기보다는 자신 스스르를 돌아보고 스스로 점검해야 한다. 그렇게 자녀가 따를 수 있는 진실한 모습으로 살아가려는 노력이 필요하다.

　　자녀들에게는 똑바로 하라고, 최선을 다하라고, 완벽을 추구하라고 요구하지만, 부모 스스로 그 모습으로 살아가고 있는가 돌아보자. 자신은 하고 있지도 않고 할 수도 없으면서 자녀에게 그런 모습을 요구하는 것은 욕심이고 이기주의이다.

유연성을 배워라

우리나라의 많은 부모는 매우 경직되어 있다. 특히 자녀와의 관계에서 항상 엄하거나 딱딱한 표정으로 명령하는 분위기에 익숙해져 있다. 한 번 정한 규칙은 하늘이 두 쪽 나도 지켜야 하고, 자녀가 무언가 하기로 했으면, 끝까지 몰아붙여 시키고야 만다.

그러나 이런 태도는 오히려 구성원 간의 관계를 좋지 않게 만든다. 규칙을 지키는 것도 중요하고, 권위를 세우는 것도 중요하지만, 가정 내에서 가장 중요한 것은 '관계를 살피는 일'이다.

늘 관계가 승리하게 해야 한다. 남편이 이기거나 부인이 이기거나, 부모가 이기거나 아이가 이기게 하는 것이 아닌 '관계'가 승리하게 해야 한다. 어떤 일의 결정이든 그것들을 실행하고 결정할 때 항상 '관계를 해치지 않는 방법인가'를 염두에 두어야 한다는 말이다.

관계가 깨지면 아무리 좋은 규칙을 지키게 하고 아무리 좋은 인성을 심어주고 싶어도 할 수가 없을뿐더러 의미 또한 없다. 모든 것에 관계를 우선적으로 살펴서 상대에게 상처주지 않는 방법을 선택해야 한다.

　규칙을 지키게 한답시고 자녀와 대치하는 상태가 되는 것은 좋지 않다. 이런 상태는 피하도록 노력해야 한다. 그렇다면 실질적으로 어떻게 해야 할까?

　이럴 때 유연성이 필요하다. 유머나 능청을 개발하기도 하고, 못 본 척하기도 하면서 대치되는 상황을 슬쩍 넘기는 지혜가 필요하다. 엄마가 본 그 한 번을 꼭 고쳐놓아야 아이가 바르게 크는 것은 아니다. 엄마가 강압적인 모습을 보이면 보일수록 아이들은 부모가 보는 곳에서는 따르지만 보지 않는 곳에서는 자기 맘대로 하려는 경향을 더 드러낸다. 엄마가 본 그 한 번의 순간을 포기하고 여유 있게 대처하면 다음번의 기회를 잡을 수 있다.

　우리에게는 늘 다음번이 있으니 얼마나 다행인가! 엄마가 본 그 한 번을 잘못 건드렸다가 대치 국면을 피하기 어렵다 싶으면 좀 유연하게 대처하여 다음 기회를 노리자. 고지식하게 아이와 자꾸 맞붙으면, 사이만 안 좋아지고 아이의 태도를 개선시킬 다음 기회조차 도모할 수 없다. 늘 현명한 부모가 되기 위해서는 깨어 있어야 한다.

Part 2

엄마의 잘못된 상식이
아이를 망친다

01

아이가 행복해야
엄마도 행복하다?

"요즘 사는 게 영 재미가 없고 자꾸만 우울하다는 생각이 들어. 그래서 고민하다가 병원에서 치료받으면서 우울증 약 먹고 있어."

지인 K의 이야기이다. 나는 처음에 그녀의 말이 농담인 줄 알았다. 왜냐하면 남편은 알아주는 잘나가는 의사인 데다 큰아들은 카이스트 박사 과정을 밟고 있고, 작은아들은 아빠의 대를 이어서 의학 공부를 하고 있기 때문이다. 그래서인지 왠지 모르게 그녀에게 우울증은 전혀 어울리지 않아 보였다.

남부럽지 않은 집 마나님이 뭐가 부족해서 우울증 약을 먹을까? 재력이라면 따져볼 것도 없고, 자식들은 수재이며, 몸이 아픈 것도 아니다. 그렇다고 남편과 자식들이 그녀를 무시하거나 속을 썩이는 것도 아니다.

나는 도무지 이해가 되지 않아 물었다.

"아니, 언니 왜요? 집에 무슨 일 있어요?"

내 딴에는 그녀의 집에 엄청난 우환이라도 생겼나 싶어 물은 것이다. 그런데 돌아오는 대답은 의외였다.

"남편이며 자식들은 다 잘나가는데 그동안 나만 아무것도 해놓은 게 없더라고. 요즘 자주 '내가 바란 인생은 이게 아닌데' 하는 생각이 들어. 정말 사는 게 공허하다."

나는 그녀의 말을 들으면서 남편과 자식의 성공과 행복이 엄마의 성공과 행복으로 이어지는 것은 아니구나, 라는 것을 새삼 느꼈다. 그런데 안타깝게도 대다수의 여성이 남편과 자식들에게 올인하다시피 인생을 살고 있다. 마치 그들이 성공하고 행복하면 자신의 인생 역시 성공하고 행복할 줄로 착각하는 것이다.

며칠 전, 초등학교에 다니는 아들과 함께 아파트 엘리베이터를 탔는데 엄마와 초등학생 남자아이가 서 있었다. 그냥 서 있기도 어색해서 내가 인사말을 건넸다.

"너도 ○○초등학교 다니는구나? 우리 아이도 ○○초등학교에 다니는데……."

그런데 아이 엄마의 반응에 나는 놀라고 말았다.

"어머, ○○초등학교 다녀요? 우리 애 전교 회장인데, 모르시나 봐요?"

"……."

나는 그 엄마를 보면서 정말 안타까웠다. 아이가 전교 회장인데 엄마도 전교 회장처럼 굴다니! 자신의 성취를 아이에게서 얻고 있는 것이다. 그렇다 보니 자신의 전부를 오로지 아이에게 쏟아붓는 것이다.

엄마의 이런 가치관은 아이와 엄마 모두를 불행하게 만들 수 있다. 아이는 항상 엄마가 원하는 만큼의 성취를 해내기 위해 엄청난 스트레스 속에 학창 시절을 보내야 할 것이다. 학창 시절의 즐거움이나 삶의 행복을 저당잡히는 것이다. 만일 아이가 엄마의 성취욕을 채워주지 못한다면 엄마는 좌절하고 자신의 인생을 무의미하게 느껴 자식을 원망하고 자식과의 관계를 해칠 가능성이 크다. 결과적으로 엄마와 아이의 인생을 망가뜨리는 행동이 되는 것이다.

아이가 산만하다며 상담을 요청한 30대 후반의 엄마는 이렇게 말했다.

"선생님, 저는 결혼을 하지 말았어야 했나 봐요. 살림도 잘 못하고 애도 잘 못 키우는 것 같아요. 영민이가 다른 엄마 아들로 태어났다면 지금보다 훨씬 행복했을 것 같아요."

영민이의 산만함은 엄마의 우울증에서 비롯된 것이었다. 따라서 엄마의 우울증이 먼저 해결되어야 개선될 수 있었다. 하지만 평소 영민 엄마는 남편과 아이들에게 화가 나 있는 사람처럼 웃는 일도 거의 없고 항상 우울한 표정이었다.

영민 엄마와 대화를 나누면서 우울증의 원인을 찾을 수 있었다. 출산 전에 영민 엄마는 남편보다 좋은 직장에 다니고 있었다고 했다. 나름 회사에서도 인정받고 있던 터였고 꿈도 컸다. 그런데 아이가 생기고 마땅히 아이를 맡길 곳을 찾지 못하자 남편이 영민 엄마에게 회사를 그만둘 것을 강요했다는 것이다. 영민 엄마도 직장에 대한 미련이 있었지만 어린 핏덩이를 남의 손에 맡기는 것은 엄마로서 도리가 아닌 것 같아 고민 끝에 퇴사를 결심했단다.

상담이 진행되던 중 하루는 영민 엄마가 눈물을 흘리며 심경을 토로했다.

"정말 이렇게 될 줄 몰랐어요. 날이 갈수록 저는 할 줄 아는 게 아무것도 없는 것 같고, 이렇게 늙어버리면 어떡하나 걱정만 돼요. 남편이 벌어다 주는 월급은 적고, 그것마저도 쓰기 눈치 보이고, 내가 왜 그 좋은 직장을 그만둬서 이런 비굴한 처지가 됐나 싶어요. 제 동료들은 벌써 승진해서 잘나가는데 저는 이게 뭔가 싶고, 남편과 영민이를 보면 나도 모르게 원망하는 마음이 들고 화가 나요. 어쩌면 좋을까요?"

기쁘고 행복해야 할 육아가 영민 엄마에게는 고통스럽다고 했다. 심지어 아이가 사랑스럽기보다는 자신의 인생을 망가뜨린 대상으로 느껴진다고 했다. 그러니 자연스럽게 원망하는 마음이 생긴 것이다. 영민이에게 원망하는 마음만 깊어졌으니 영민이와 안정적인 애착관계를 맺기란 어려운 일이었다.

나는 영민 엄마에게 지금부터라도 자기 자신을 위해 시간을 투자해야 한다고 조언했다. 아이와 남편을 위해 하루 24시간을 쏟기보다 하루 한 시간이라도 나를 위한 시간을 가져야 한다. 차를 마시며 책을 읽거나, 산책을 하거나, 자기계발을 통해 부족한 부분을 채우는 것도 한 방법이다. 엄마인 내가 행복해야 아이도, 남편도 행복하다. 엄마가 행복해야 가정이 화목하고 행복해진다는 진리를 잊어선 안 된다.

많은 엄마가, 아이가 행복해야 엄마 자신도 행복하다고 믿는다. 하지만 이는 착각이다. 엄마가 불행한데 어떻게 가장 가까이에 있는 아이가 행복하겠는가? 반면에 엄마가 행복하면 그 행복은 고스란히 아이에게 전해진다. 그래서 아이 역시 덩달아 행복한 아이로 자라게 된다.

생후 초등학교 시절까지의 시기는 엄마의 정서적 안정과 행복감이 아이에게 정말 중요하다. 엄마에게 가장 많은 영향을 받는 시기이기 때문이다. 따라서 엄마가 즐거우면 아이도 즐겁고, 엄마가 기쁘고 행복하면 아이 역시 기쁘고 행복하다. 반대로 엄마가 슬프면 아이 역시 슬프고, 엄마가 불안에 떨면 아이도 불안하게 마련이다.

"우리 엄마 아빠 싸웠나 봐요. 싸우는 건 못 봤는데요, 제 느낌에 그런 것 같아요."

"엄마가 나 때문에 요즘 속상할 때가 많나 봐요. 말로는 아니라고 하시는데…… 그냥 그런 것 같아요."

아이들의 이야기를 듣다 보면 한 번쯤은 녹음을 해서 아이 엄마에게 들려주고 싶어진다. 어른들이 숨기거나 내색하지 않는다고 해서 아이들이 어른들의 감정을 모를 거라는 생각은 착각이다. 자신의 인생에서 가장 중요한 사람인 엄마를 관찰하는 것이 아이에게는 아주 중요한 일이기 때문이다. 그래서 엄마가 아무리 좋은 연기로 불행을 숨기려 해도 아이는 모두 알아차린다.

엄마 자신부터 자신 스스로를 행복하게 만드는 방법을 간구해야 한다. 그래서 삶 속에서 스스로 작은 행복들을 만들어내는 기술이 늘어가야 한다. 아이들은 그런 엄마를 바라보며 힘들고 어려운 환경 속에서도 행복을 만들어가는 방법을 전수받게 된다.

부모가 자녀에게 돈을 물려줄 수도 있고 기술을 물려줄 수도 있다.

그러나 그것들보다 더 값어치 있는 것은, 인생에서 만나는 고난이나 어려운 상황 속에서도 스스로 자신을 행복하게 만들고 희망을 선택하게 하는 근본적인 힘이 아닐까 한다. 이 책을 읽는 모든 부모가 자녀에게 그것들을 물려주기 위한 노력을 지금부터 시작하길 바란다.

02

달래주고
받아주면
나약하게 자란다?

"사내 녀석이 뭐 그깟 걸로 울고불고 해? 뚝 그쳐!"

"시끄러워, 그만 울어!"

엄마들이 아들들에게 자주 하는 말이다. 아들이 나약하고 감성적이고 예민한 경우라면 더 자주 이런 말들이 쏟아진다. 부모는 아이가 험하고 거친 세상에서 잘 살아남을 수 있을까 늘 걱정이다. 그래서 강하고 거칠게 훈육한다면 아이가 강인하게 성장할 것이라고 막연히 생각하는 것이다.

이런 논리를 바탕으로 어떤 부모는 밖에서 또래 아이에게 맞고 들어와 울고 있는 아이를 위로해주기는커녕 오히려 혼내고 야단치면서 너도 밖에 나가서 때리고 오라고 소리친다. 그런데 정말 아이의 감정을 받아주고 달래주면 더 나약하게 자랄까? 아이를 엄하게 혼내고 때리고 감정을 외면하면서 거칠게 다루면 강한 성인으로 성장할까?

내가 상담한 서헌이의 예를 보면 어떤 것이 정답인지 알 수 있다.

서헌이는 초등학교 4학년 남자아이다. 태어날 때부터 매우 예민하고 감성적인 아이였다. 또래보다 키도 작고 너무 왜소해서 4학년인데도 초등학교 1, 2학년 아이처럼 보인다. 서헌이 엄마는 이런 서헌이가 늘 못마땅했고, 아이가 나약하게 성장할까 봐 한순간도 시름을 놓지 못했다. 그래서 서헌이 엄마는 서헌이가 강해지길 바라는 마음에 아이를 모질게 대했다고 한다. 자주 혼내고 엄하게 훈육한 것이다.

엄마가 그러면 그럴수록 서헌이는 더욱 나약하고 무능하게 성장했다. 동생도 하는 사소한 것들마저 스스로 하지 못하는 서헌이를 보면서 '이대로는 안 되겠다'고 생각했다. 서헌이 엄마는 서헌이의 손을 잡고 상담실을 찾았다.

나와 두 번째 만나는 날 서헌이에게 매우 기념할 만한 일이 생겼다. 서헌이는 흥분을 감추지 못하며 나에게 말했다.

"선생님, 이거 내가 처음으르 분 풍선이에요. 엄마는 내가 풍선 못 부는 줄 알아요. 꼭 엄마한테 보여줄 거예요."

그날은 사회성 수업으로 여러 친구와 풍선을 불고 터뜨리며 감정을 정화하는 과정이었다. 동생들도 모두 여러 개씩 풍선을 불어놓았다. 그런데 유독 서헌이만 자신은 못한다며 풍선을 잡았다가 놓았다가 했다. 어느 정도 시간이 흐르니 아이들이 불다 내려놓은 풍선이 늘어진 채로 책상 위에 쌓여갔다. 서헌이가 그중 하나를 집고 조금 불어보니 이미 늘어난 풍선이라 조금만 바람을 넣어도 풍선이 금세 부풀어올랐다. 그 모습을 본 나는 반색하며 다소 과장스럽게 말했다.

"어머, 서헌이가 풍선을 이렇게나 크게 불었네. 조금만 더 불면 더 커지겠다. 힘내봐. 조금 더 불 수 있지? 정말 잘 불었다.”

이렇게 칭찬해주자 서헌이는 처음으로 커다란 풍선을 만들게 된 것이다. 자신의 능력에 감동한 서헌이는 이후로도 여러 개의 풍선을 더 불었고, 풍선을 불 줄 아는 자신의 능력을 믿게 되었다. 서헌이로서 는 인생의 작은 한 계단에 올라선 것이다.

서헌이에게는 원래부터 풍선을 불 능력이 없었는데, 그날 갑자기 능력이 생겨난 것일까? 그렇지 않다. 서헌이에게는 원래 그 능력이 있 었다. 그러나 부모의 무시와 지적, 강압이 그 능력을 나올 수 없도록 위축시켰던 것이다. 내가 칭찬하고 지지하자 그제야 편안하게 자기 안 의 능력을 발휘한 것이다.

이제 무엇이 정답인지 알겠는가? 강압으로는 아이를 강하고 능력 있게 할 수 없다. 오히려 칭찬과 지지로 그것은 가능해진다.

그렇다면 아이가 나약하다는 것과 강하다는 것의 기준은 무엇일 까? 잘 싸우면 강한 것일까? 공부를 잘하면 강한 것일까?

나는 인생을 살아가다가 어려운 난관을 만났을 때 발휘되는 힘, 즉 난관을 극복하는지 그렇지 못하는지에 강함과 약함의 평가가 달렸다 고 생각한다. 다섯 살 꼬마에게는 친구가 자신의 과자를 빼앗아 먹는 상황이 난관일 수 있고, 성인에게는 갑작스런 사업 위기로 부도를 맞 았을 때가 난관일 수 있다. 삶의 난관은 다양한 형태로 다가온다. 다양 한 난관 속에서 누구는 훌륭하게 극복하고 누구는 좌절하여 불행한 삶 을 살게 된다.

사람들에게 궁극적인 강함과 약함은 매 순간 다가오는 삶의 난관 을 극복하는 힘이 있느냐 없느냐에 따라 갈릴 것이다. 강한 힘은, 자신의 능력에 벅찬 일들을 극복하고, 상황어 따라 인내할 줄도, 성낼 줄도 알면서 자신을 지키고 성장시키는 힘이다.

그렇다면 왜 누구는 이런 힘을 가지고 있고, 누구는 가지지 못하는 것일까? 또 이런 힘은 언제 어떻게 길러지는 것일까?

우선, 이런 강함의 바탕은 자신이 난관을 해결할 수 있다고 스스로 믿는 마음임을 알아야 한다. 즉, 자존감이 높아야 한다는 말이다. 자신이 스스로 난관을 넘을 힘이 있음을 믿어야 실제로 난관을 극복할 수 있다.

어떤 아이는 충분한 능력을 가지고 있는데도 스스로의 능력을 믿지 못해서 작은 것 하나도 해내지 못한다. 반면, 어떤 아이는 자신의 능력에 부치는 일인데도 불구하고 자신 있게 뛰어들어 결국 해내고 만다.

'힘들어 보여도 왠지 내가 한다면 잘해낼 수 있을 것 같아.'

이런 마음은 어떻게 생기는 걸까? 바로 어린 시절부터 끊임없이 겪은 작은 실패와 성공 경험에서 비롯된다.

아이가 어릴 때부터 실패와 성공을 경험하며, 지금은 실패했으나 다음번엔 자신의 지혜와 노력으로 성공도 하고, 지금은 성공했지만 나중엔 잘 안 될 때도 만나면서, 실패와 성공을 겪어내는 근육을 키워나가도록 이끌어야 한다. 어릴 때 사소하고 작은 것들에서 실패를 극복해내는 방법을 터득한 경험을 통해 성인이 되면 더 큰 난관도 극복할 수 있게 된다. 이때 부모는 아이를 코치하거나 지시하거나 방법을 알려주어서는 안 된다.

아이들이 '지시'에 의해서 어떤 일을 하게 되면 아이들은 자신의 힘으로 그 일을 해냈다고 믿지 않는다. '지시'한 사람의 능력에 따라 자신은 수행만 한 것이기 때문에 자신에 대한 믿음이 생기지 않는 것이다.

부모가 돕고자 한다면 힌트를 주거나 생각해보았으면 하는 면들을 질문으로 던져 아이 스스로 답을 찾아낼 수 있도록 도와주는 게 좋다. 또는 아이가 선택한 방법을 지지하고 지원해주면 된다. 아이가 그 힘을 기르는 중요한 요소가 자립심임을 기억해야 한다.

아이 스스로 걷고, 스스로 먹고, 스스로 옷을 입고, 스스로 가방을 챙기는 일들이 축적되면 나아가 스스로 진로를 선택하고, 스스로 취업을 하고, 스스로 배우자를 선택한다. 아이는 이런 일들을 수행하는 과정에서 처음엔 어느 정도의 좌절을 경험한다. 그러나 이내 반복되는 과정 속에서 능력이 커지고 더 잘할 수 있는 자신을 발견한다. 누구나 열심히 하면 더 잘할 수 있고, 더 나아질 수 있다는 삶의 원리를 체득하는 것이다. 그래서 아이가 자신의 일을 스스로 해내는 것은 그 어떤 일들보다 중요하고 의미 있다.

아이가 성장하는 동안 혹은 성인이 되어서도 부모가 매 순간 지녀야 할 가치관도 매우 중요하다. 처음 밥 먹는 방법을 배울 때, 처음 운동화 끈을 묶을 때, 처음 시험 공부를 할 때, 이런 모든 배움의 순간들마다 부모가 올바른 가치관을 충실히 지킬 수 있다면 아이는 자신의 능력을 믿고 충분히 발휘하는 강한 아이로 성장할 것이다.

아이의 나약함을 지적하고 불평하거나 부모가 알고 있는 방법이 가장 좋은 해결책이라는 생각으로 아이를 밀어붙인다면 강한 아이를 만들 수 없다. 오히려 아이는 무능력해지고 나약해지고 자신감 없는 모습으로 성장하고 만다.

내 아이를 스스로 해내는 아이, 강한 아이로 키우고 싶다면 아이의 감정에 충분히 공감해주고, 지지해주고, 응원해주는 다정한 부모가 되어야 한다. 그럴 때 아이는 자신을 믿는 강한 아이로 성장한다.

03

공부 잘하는 아이가
성공하는 인생을 산다?

얼마 전 한 지인을 만나 안타까운 사연을 전해 듣게 되었다.

"정말 너무 아까워. 서울대 법대 다녔거든. 잘생기고 키도 크고, 아버지만 아니면 그렇게까지 안 됐을 텐데. 이제는 환청까지 듣고 해서 정신병원에 입원시켰어."

아버지는 직업군인으로, 두 아들을 꼭 성공시키고 싶은 열망이 강했다. 그런 나머지 아버지는 강력한 군인정신으로 아이들을 양육했다고 한다. 매사에 바르고 공부도 잘하는 아이들로 키우고 싶은 욕심이 앞서 아버지는 아이들의 사소한 잘못까지도 벌과 매로 다스렸고, 아이들은 하루가 멀다 하고 군대식 얼차려를 받았다.

시험에서 아버지가 정한 점수를 달성하지 못하면 얼차려와 체벌은 기본이었다. 매일 아버지가 내는 영단어 시험과 한자 시험을 통과하지 못할 경우에도 마찬가지였다. 아버지의 이런 엄한 훈육 방법은 아이들의 모든 행동과 교육에 적용되었다.

예를 들면 이렇다. 아버지는 아이들에게 라면이 몸에 해롭다며 먹지 말라고 금지시켰다. 그런데 아버지가 없는 틈을 타서 아이들이 라면을 끓여먹고 있는데 불시에 집에 돌아온 아버지에게 딱 걸렸다. 라면은 바로 개수대로 직행했고 아이들은 밤이 될 때까지 얼차려를 받았다.

이런 강압적인 훈육이 아이들에게 어느 정도 효과가 있었는지, 두 아들은 성적이 아주 좋았다. 큰아들은 명문대에 합격했고, 작은아들은 서울대 법대에 들어갔다. 여기까지는 아버지의 바람대로 모두 이루어진 듯 보인다. 그런데 안타깝게도 어느 순간부터 두 아들의 인생은 아버지의 바람과는 다른 방향으로 흘러가기 시작했다.

큰아들은 명문대학에 입학은 했지만 자기주도적으로 공부하고 자신의 일을 해야 하는 대학생활에 적응하지 못했다. 항상 시키는 대로 하는 것에 능숙했지, 능동적으로 자신의 일들을 처리할 능력은 키우지 못한 것이다. 대학을 졸업하고 취업을 하는 것도 걱정이었다. 소심한 성격의 큰아들은 몇 년이 지나도록 졸업을 못한 채 허송했다. 아버지로서는 서른이 넘은 나이에도 무엇을 하겠다는 구체적인 목표나 계획이 없이 공부만 하고 있는 아들을 보면서 내내 답답한 심정이었다.

그나마 자신의 일에 적극적인 작은아들은 대학생활에 잘 적응하는 듯 보였다. 하지만 얼마 후부터 이상한 일들이 일어나기 시작했다. 고등학교 때까지는 얌전하던 아들이 오히려 대학에 들어가서 자꾸 시비에 휘말리고 남들과 싸우는 것이다. 이상하게 생각한 엄마가 알아보니, 작은아들은 일상생활을 하다가 혹은 강의를 듣는 와중에도 자꾸 다른 친구가 자신을 욕하는 소리가 들린다고 하소연했다. 자신을 욕하는 소리를 듣게 되니 당연히 따지고 들고 그런 욕을 한 적이 없는 상대방은 황당하여 싸움이 일어나는 것이다. 시간이 지날수록 환청을 듣는 증상이 심해졌고, 끝내 작은아들은 정신병원에 입원했다.

결국 공부만 잘하면 성공적인 인생이라고 믿었던 한 아버지의 어긋난 믿음이 두 아들을 병들게 한 것이다.

공부를 잘하면 좋은 기회를 얻게 되고 인생의 폭이 넓어지고 안정적으로 살아갈 수 있다는 건 일반적인 사실이다. 그러나 공부만 잘한다고 무조건 성공하는 인생을 보장받는 것은 아니다. 성공하는 인생을 살기 위해선 공부 외의 요소들이 필요하기 때문이다. 우선 자기 자신에 대한 확고한 믿음이 있어야 하고, 바른 가치관과 올곧은 인성이 정립되어 있어야 한다. 다른 사람과 잘 지내는 기술도 필요하고 힘든 난관을 극복해내는 힘도 있어야 한다.

사실 인생을 살아가는 데에서 공부는 그다지 중요한 요소가 못 된다. 공부는 그저 한 사람을 평가하기 위해 만든 편리한 사회적 기준이요, 잣대이다. 요즘 기업들은 신입 사원을 채용할 때 공부 외의 요소들을 눈여겨보는 추세이다. 공부 외의 요소들을 더 중요시하기 때문이다. 그래서 어떤 기업에서는 합숙을 시키며 구성원들과의 팀워크를 살펴보거나 여러 테스트를 통해 인성과 인격을 다양하게 가늠해보기도 한다.

이러한 추세에도 불구하고 대부분의 부모는 아이에게 공부만을 강요할 뿐 그 밑바탕의 보이지 않는 것의 중요성은 나 몰라라 한다. 그래서 나는 요즘 아이들을 보면 더없이 안타까운 마음이 앞선다.

많은 부모가 영어만 잘해도 먹고살 수 있다고 생각한다. 과연 그럴까? 강남에서 미용실을 운영하는 K 원장은 이렇게 토로한다.

"내가 그렇게 뒷바라지를 해줬는데 그 나이 먹도록 사람 구실도 못해. 영어를 그렇게 잘하면 뭐하냐고. 취직도 안 돼서 허구한 날 집에만 처박혀 있는데. 정말 답답해서 미치겠어."

K 원장은 아이가 중학생 때 미국으로 유학을 보냈다. 아이를 잘 봐준다고 나름대로 소문난 홈스테이 가정이었고, 아이는 유학생활에 잘 적응하는 듯 보였다. 아이는 미국에서 대학교까지 졸업했지만 직장생활을 하는 동안 너무나 힘들어했다. 우울증을 앓을 정도였다.

그녀는 그래도 아이가 영어를 잘하니 한국에서 영어 강사를 해도 좋겠다 싶었다. 아들도 한국으로 들어오고 싶어 했고 엄마도 아이의 진로를 위해 한국으로 돌아오게 했다.

그런데 아이는 도통 한곳에 진득하니 붙어 있지를 못했다. 처음에는 몇 번 입사 지원서를 내서 며칠 다니는가 싶으면 그만두고, 또 다니는가 싶더니 그만두는 것이다. 그렇게 몇 번의 시도 후 아이는 그냥 엄마가 주는 용돈을 받으며 편하게 사는 것에 익숙해졌다. 급기야 아이는 직장 구하기도 포기한 채 빈둥거리고 있다.

서른 살 가까운 아들이 오랜 외국 유학생활을 마치고도 백수로 지내는 현실에 K 원장은 속이 터진다고 말했다. 내가 알기로 아들의 유학 비용으로 아파트 몇 채에 해당하는 돈을 썼다. 그러니 더더욱 부모의 속에서는 답답한 나머지 천불이 날 것이다.

서울대를 나오고 영어를 잘하면 인생에서 성공할까? 공부가 내 아이의 인생에서 성공을 보장해줄까? 물론 공부를 잘하면 기회를 많이 얻을 수 있다. 하지만 성적이 좋고 공부는 잘하는데 사람들과의 관계가 좋지 못하다면 이야기는 달라진다. 학교에서건 직장에서건 왕따로 전락하고 만다. 이런 사람에게는 어떤 기회도 돌아가지 않는다.

아무리 똑똑하고, 성적이 좋고, 명문대를 나왔더라도, 그 외의 필수 요소들을 갖춰야 한다. 예를 들면, 확고한 꿈과 목표, 높은 자존감, 바른 인성, 끈기, 노력하는 자세 등이다. 이것들이 바탕이 될 때 성공하는 인생을 살 수 있다. 이런 요소들을 갖추지 못한 채 지식만 열심히 쌓고 공부만 잘하는 것은 사상누각이나 다름없다. 언제 무너질지 모르는 것이다.

그런데도 요즘 부모들은 자녀교육의 대부분을 성적 올리기에만 집중한다. 눈에 보이는 성적도 중요하지만 그것을 성공으로 끌고 가는 원동력은 눈에 보이지 않는 요소들에 있다. 그래서 현명한 엄마들은 학교에서 가르쳐주지 않는 것에 더 신경을 쓰는 것이다.

부모가 아이에게 일방적으로 공부를 강요하고, 아이와 충분한 이야기를 나누지 않은 채 진로를 결정해버리는 경우, 아이는 자신이 무엇을 하고 싶은지, 자신의 꿈은 무엇인지 탐색해보는 과정을 잃는다. 그저 부모가 시키는 대로 공부하고, 부모의 꿈을 대신 이뤄주는 꼭두각시로 전락하고 만다. 과연 이런 아이가 행복한 인생, 성공하는 인생을 살 수 있을까?

학생에게는 공부가 본분인 만큼 공부는 중요한 과정이다. 하지만 공부만 잘한다고 인생이 행복하다거나 성공적이라고 단정해선 안 된다. 아이가 성공하는 인생을 살기 바란다면 아이 스스로 자기 삶의 주체가 되어 꿈을 결정하고, 그 꿈을 이루기 위해 공부라는 징검다리를 건너게 해야 한다. 그러기 위해 아이가 주도적인 생활을 할 수 있도록 엄마는 아이와 충분히 교감하고, 이해하고, 지지하고, 응원해주어야 한다.

내 아이의 미래를 눈부시게 만드는 것은 좋은 성적, 명문대 졸업장이 아니다. 오히려 늘 아이를 정서적으로 지원하려고 노력하고 교감하며 즐겁게 삶을 대하는 부모와 함께한 기억이 내 아이를 성공시킨다. 내 아이의 인생을 성공으로 이끌어줄 성공 요소들은 이렇게 눈에 보이지 않는 것들임을 기억하자.

부모가 해주는 결정이
아이에게
가장 좋은 결정이다?

"엄마가 알려주면 알려주는 대로 할 것이지. 뭔 고집이 그렇게 센지 모르겠어요. 도통 말을 듣지 않아요. 엄마가 아무렴 자기한테 안 좋은 방법을 권하겠어요? 생각해보고 제일 좋은 방법으로 알려줘도 청개구리처럼 딴 길로만 가네요."

아이가 어리건 크건 간에 이런 하소연을 하는 부모가 많다. 사실 모든 부모는 인생을 사는 동안 여러 굴곡을 겪어왔기에 자식만큼은 가장 쉽고 편안한 길을 가길 바란다. 내 아이가 시행착오를 겪지 않고 더욱 행복하고 성공적인 인생을 살기를 바라는 것이다. 그래서 부모가 생각하는 가장 이상적인 답안을 미리 찾아두고 아이에게 강요한다.

어느 날 내가 조카에게 선물할 장난감을 사줄 요량으로 장난감 가게에 들어섰는데 어느 엄마와 딸이 실랑이를 벌이고 있었다. 분위기상 오랜 시간 동안 실랑이 중인 듯했다. 딸의 생일 선물을 사주려고 장난감 가게에 함께 온 엄마가 딸이 고른 인형이 마음에 들지 않아 티격태격하는 참이라고 했다.

"이거 집에 똑같은 거 있잖아. 집에 인형이 그렇게 많은데 또 인형을 고르니? 그것보다는 이걸로 사. 이것 봐, 이거는 단추 누르면 노래도 나오고 영어도 배울 수 있잖아. 그리고 동화도 들어 있어. 이게 훨씬 비싸고 좋은 거니까 이걸로 골라."

그러나 아이는 한 치도 물러설 수 없다는 듯 떼를 썼다.

"아냐. 집에 있는 인형이랑 달라. 이거로 살 거야. 내 생일이잖아. 내 생일이니까 내 맘대로 할 거야. 난 이 인형이 좋아."

나는 금방 장난감을 사서 나오는 바람에 모녀의 싸움이 어떻게 결론 났는지 알지 못한다. 하지만 그 싸움을 보면서 이런 생각이 들었다.

'이 상황에서 엄마가 고집 센 걸까? 아이가 고집 센 걸까?'

당신의 생각은 어떠한가? 엄마는 어른의 사고, 즉 나무보다 숲의 입장에서 생각하고, 아이는 아이의 사고, 즉 숲보다 나무의 입장에서 생각을 한다. 마트에서도 아이와 부모가 실랑이하는 장면을 심심찮게 볼 수 있다.

그렇다면 부모의 선택은 늘 현명하고 아이의 선택은 늘 어리석을까? 그렇지 않다. 아이들 또한 자신의 입장에서 나름대로 최선의 선택을 한다. 그런데 아이의 입장이 아닌 이성적이고 합리적인 사고를 가진 어른의 입장에서 보자니, 아이의 선택이 한심스러운 것이다.

그러나 가만히 생각해보면 우리 어른들도 수없이 실수를 한다. 때로 사기도 당하고, 배신도 당하고, 그러면서 자신의 행동을 후회한다. 당하기 전까지는 몰랐다가 지나고 나서 '내가 왜 그런 바보 같은 실수를 했을까?' 하고 후회하게 된다.

　인생은 단거리 경주가 아니라 마라톤이다. 그래서 마라톤에 필요한 지속적인 힘을 기를 수 있도록 부모가 아이를 도와야 한다. 아이가 길러야 할 힘 중에 가장 중요한 것이 바로 '어려움을 극복하는 힘'임을 알아야 한다.

　다리가 풀리고 숨이 턱밑까지 차오르는 어려움 속에서도 포기하지 않고 완주하는 것이 아이의 가장 중요한 일이기 때문이다. 어려움을 극복해내는 힘은 타인이 주는 것이 아니라 아이 속에 내재되어 있어야 하고, 그 힘이 강할 때 아이는 완주할 수 있다. 아이는 열 살인 나이도 살아내야 하지만, 스무 살, 서른 살, 쉰 살, 예순 살도 살아가야 한다.

　부모는 아이가 성장하고 살아가는 동안 닥칠 모든 어려움을 막아줄 수는 없다. 부모가 아무리 재력이 있고 지식이 있어도, 아이의 삶에 생길 어려움을 모두 막아줄 수는 없다.

　그런데 많은 부모가 아이들이 직접 고민해보고 선택하도록 이끌어 스스로 어려움을 극복하는 힘을 길러주는 것에 힘쓰지 않는다. 그것보다는 부모의 경험 속에서 답을 찾아주려고만 고민한다. 그리고 가장 좋은 해답을 아이에게 알려주며 지시한 대로 해볼 것을 종용한다. 아이가 조금이라도 어려움을 겪지 않도록 하기 위해서라는 게 명분이다.

　대부분의 부모는 자신들의 결정이 아이의 인생에 도움이 될 것임을 믿어 의심치 않는다. 그러나 부모의 이런 행동은 아이 스스로 자신의 힘을 기를 기회를 빼앗는 것이나 다름없다. 그러니 지금부터라도 아이가 스스로 고민하고, 선택하고, 결정하는 힘을 기를 수 있도록 기회를 주어야 한다.

전 국민이 한때 놀라운 눈으로 바라봤던 한 청년이 있다. 바로 프로게이머 임요환이다. 많은 부모가 컴퓨터 게임은 좋지 못하다고 여기고 있을 때, 그는 컴퓨터 게임에서 최고의 자리에 올랐다. 그 후 프로게이머를 하겠다는 후배들이 뒤를 이었고, 게임 하나만 잘해도 얼마든지 성공할 수 있다는 분위기가 조성되었다.

임요환의 부모는 아들이 좋은 대학에 가기를 바랐다. 그런데 아들은 어느 날 우연히 접한 '스타크래프트'라는 게임에 매료되어 이내 마니아가 되고 말았다.

그런 아들을 보는 부모의 심정은 어땠을까? 갖은 방법으로 더 이상 게임을 못하도록 말리고 싶었을 것이다. 급기야 대학입시에 떨어지고 큰돈 들여 재수학원을 보내놓았더니 게임만 하고 있는 아들이라니……. 아들의 인생이 암울하다고 결론 내리지 않았을까?

나는 그의 인생 스토리를 보면서 만일 그가 부모의 바람처럼 게임을 포기하고 대학을 선택했다면 지금 어떤 인생을 살고 있을까, 하는 물음을 가져보았다. 그가 부모의 욕구를 충족시켰더라면 지금 그는 행복한 인생을 살고 있을까? 무엇보다 그 인생을 임요환 자신의 인생이라고 할 수 있을까?

부모는 자기 경험의 폭 안에서만 판단을 하는 경향이 있다. 대학이 아이에게 성공을 가져다줄 것으로 믿고 있었으나 그것은 결코 정답이 아니었다. 정답은 아이 스스로 만들어 나아가는 데 있었다.

한때 신문에서 흥미로운 기사를 읽은 적이 있다. 서울대에 입학한

학생들에게 자신이 서울대에 진학하기까지 가장 방해가 되었던 것이 무엇이냐고 물었더니 많은 학생이 의외로 '부모님'이라고 대답했다.

아이들이 나름의 공부 방법으로 정진하고 있는데 대다수의 서울대 진학생들의 부모가 어디서 주워들은 공부 비결을 일러주었다고 한다. 부모들은 아이들에게 이 방법으로 해봐라, 저 방법으로 해봐라, 하면서 간섭하거나 이 학원, 저 학원에 다녀보라면서 스트레스를 가중시키거나 시간을 많이 빼앗았다고 한다. 부모나 아이나 성공하고 행복한 삶으로 가는 목표는 같았으나 다른 방법을 사용했고, 그 과정에서 부모의 과도한 참견과 개입이 오히려 방해 요소로 작용했음을 보여준 것이다.

이 세상은 부모 세대가 경험하던 것과는 다르게 너무나 복잡하고 다양한 변수를 가지고 있다. 5년 사이에 생겨났다가 사라지는 직업들도 많고 자고 일어나면 새로운 것들로 눈이 휘둥그레지는 세상이다. 이렇게 빛의 속도로 변하는 세상을 부모의 지식과 경험으로만 이끈다는 것은 몹시 어리석은 일이다.

또한 아이는 인생을 살아가면서 크고 작은 문제들을 만날 것인데 그것들을 부모가 나서서 해결해주려고 하는 것 또한 위험천만한 일이다. 오히려 아이의 성장을 막는 일일 뿐이다. 당사자인 아이가 스스로 고민하고, 선택과 결정을 내리는 과정을 거쳐야 한다. 물론 시행착오도 겪겠지만 그것이 더 단단해지고 성숙해질 기회가 된다. 인생을 더 현명하게 사는 법을 터득한다는 말이다. 그리고 다음에 또 비슷한 문제들을 만나면 예전보다는 조금 더 지혜롭게 극복할 수 있게 된다.

부모는 아이에게 해결책을 제시하는 해결사가 아니라 함께 문제를 바라봐주고 문제를 해결할 힘을 길러주는 지지자여야 한다. 그리고 아이가 겪는 인생의 고비마다 한 뼘씩 성장한다는 것을 알게 해주는 존재이다. 따라서 때로 아이에게 해주고 싶은 말이 목구멍까지 차오르더라도 꾹 눌러 참아야 한다. 그 대신 이런 질문들을 던지는 고단수 부모가 되어보자.

"그래, 넌 어떻게 하고 싶니?"

"어떤 좋은 방법들이 있을까?"

"다음번엔 어떻게 다르게 해볼 수 있을까?"

다른 아이와 비교하면
아이의 행동이
바뀐다?

"너희 반에 이번 시험 80점 받은 애가 몇 명이나 되니?"

"수진이는 혼자서 지하철도 잘 타고 다니던데, 넌 슈퍼에도 못 갔다 오냐?"

"상현이 봐라. 얼마나 성격이 좋니? 너처럼 신경질 내는 걸 본 적이 없다."

부모들은 무심코, 혹은 의도적으로 자녀를 다른 아이들과 비교한다. 가끔은 정말 다른 아이들의 장점이 부럽기도 하다. 다른 아이들과 비교하면서 부모들은 마음속으로 이렇게 생각한다.

'내 아이도 저 아이처럼 공부를 잘하면 얼마나 좋을까! 그러면 지금처럼 공부 때문에 애태우지 않아도 될 텐데…….'

'우리 애가 저렇게 예의 바르면 데리고 다닐 때 얼마나 뿌듯할까?'

‘수진이처럼 자기 할 일을 척척 알아서 하면 잔소리할 일도 없고 얼마나 좋을까!’

그런데 아이러니하게도 그 부러워하는 아이의 엄마 역시 자신의 아이에게서 마음에 들지 않는 구석을 찾아낸다. 세상에 자신의 아이에게 100퍼센트 만족하는 엄마는 찾기 힘들다. 공부를 잘하면 성격이 좋지 않고, 성격이 좋으면 공부가 불만인 현상이 벌어진다.

인간은 선천적으로 현실에 안주하지 않고 더 발전하려는 욕구를 가지고 있다. 그런데 무심코 던진 다른 아이와 비교하는 말들이 아이와의 관계를 망칠 수 있다.

한번은 남편의 친구들과 부부 동반 모임을 한 적이 있었다. 오랜만에 만난 부부들은 서로 인사를 건네는데, 그중 한 분이 유독 다른 부인에게 부러움이 가득한 칭찬을 늘어놓았다.

“언제 봐도 눈웃음이 예술이네요. 상냥하고 여성스러워서 저 친구가 많이 사랑해주겠어요.”

다른 여자에게 이런 칭찬을 늘어놓는 남편을 보면서 그의 부인은 상당히 기분이 상한 듯했다. 모임이 끝날 때까지 냉랭한 분위기로 살얼음 위를 걷듯이 가슴 졸이던 기억이 난다. 집에 가서 한바탕 부부싸움이 벌어질 모습이 절로 상상되었다. 여자라면 부인의 마음에 모두 공감할 것이다.

그 부인은 다른 여자를 칭찬하는 남편의 말을 들으며 온갖 생각에 사로잡혔을 것이다.

‘저 여자처럼 눈웃음치고 여성스러은 여자를 좋아하나 보네.’

‘혹시 저 여자에게 마음이 있는 건 아닐까?’

'혹시 내가 저런 모습이 아니어서 이제 싫증이 난 걸까?'

아이들도 마찬가지다. 이제 더 이상 자신의 모습 그대로를 사랑하지 않는 부모를 바라보며 실망하고 상처받는다. 그 과정에서 내면에 열등감을 키우게 된다.

때로 아이에게 강한 자극을 주면 아이의 태도가 개선될 것을 기대하고 의도적으로 비교하는 엄마도 있다. 자신의 성장 과정을 떠올리면서 경험상 그런 방법이 아이를 바꾸는 데 도움이 되지 않을까 하는 생각에서다. 혹은 주변에서 그런 자극적인 방법이 통했다는 말을 들은 후 일부러 아이를 다른 아이와 비교하기도 한다.

그러나 엄마들이 꼭 기억해야 할 것이 있다. 비교를 통해 아이가 달라지는 것은 아이 스스로 그 비교를 통해 상처받지 않고 자각할 경우에나 가능하다는 점이다. 아이가 '나도 저렇게 달라져야지' 하는 자각을 하지 못하고 그저 마음에 상처를 받는다면 오히려 더 삐뚤어질 수 있다.

대부분의 사람은 끊임없이 자신과 타인을 스스로 비교한다. 자신의 옷차림, 자신의 처지, 자신의 행동 등을 마치 자동 모터가 달린 듯 비교한다. 아이들도 마찬가지다. 다른 아이가 자신보다 먹을 것을 더 많이 가진 것은 아닌지, 누구네 집은 어디로 놀러 가는데 자신은 가지 못하는 것, 엄마가 자신보다 동생을 더 예뻐하는 마음 등에 대해 끊임없이 비교한다.

성장하면서 스스로 하는 이런 비교가 생산적일 때가 있다. 성적이 더 좋은 아이의 공부법을 따라 해보는 것, 야구를 잘하는 친구가 부러워 자신도 야구를 시작하는 것은 아이 스스로 자신의 내면에서 타인과 비교하여 자신의 행동을 변화시킨 동인이라고 볼 수 있다.

비교가 자신을 성장시켰다고 생각하는 부모들이 있다. 그런데 이런 비교가 긍정적인 결과를 낳을 수 있었던 것은 스스로 주도한 긍정적 비교이기 때문이다. 같은 비교를 타인이 나를 두고 하게 되면 당사자는 상처받고 자존심을 다친다. 그러면서 관계에 금이 가게 되는 것이다.

타인이 하는 비교가 열등감을 심어주는 것은 비단 아이에게만 해당하는 일은 아니다. 얼마 전 어느 다이어트 프로그램에서도 이런 모습을 보았다. 그 프로그램에 나온 주부는 아이를 임신하고 출산하는 과정에서 급속도로 살이 찐 상황이었다. 아이를 출산하면 원래의 모습으로 돌아올 것이라 기대했던 남편은 아무리 기다려도 살이 빠지지 않는 부인을 보면서 강력한 처방을 해야겠다고 마음먹었다.

"네 친구들은 전부 날씬하잖아. 너만 돼지 같아."

"밖에 나가서 봐봐. 너처럼 살찐 사람이 있는지. 정말 게을러 보인다."

"밥 먹는 게 하마 같다. 다른 여자들 봐라. 너처럼 게걸스럽게 밥 먹는 여자가 있는지……."

남편은 이런 말들을 수시로 하면 부인이 자극을 받아서 열심히 운동도 하고 음식도 조절할 것이라고 생각했다. 그러나 남편의 언사 때문에 부인은 오히려 우울증이 생겼고 스트레스를 폭식과 술로 풀어댔다. 부인은 남편이 자신을 더 이상 사랑하지 않는다고 생각했고, 자신을 무가치한 존재로 느꼈다고 한다.

혹시 상대에게 상처주는 의도적인 비교로 원하는 결과를 얻었다고 하더라도 예전 같은 좋은 관계를 회복하기란 쉽지 않다. 그러니 진정한 성공이라고 할 수 없다. 이성적인 판단이 가능한 성인에게도 이러한 자극적 비교는 필시 마음의 병을 가져온다. 하물며 어리고 여린 아이에게 이런 방법은 더 쉽게 상처를 줄 수 있다.

의도적인 것이든 아니든 타인과 내 아이를 비교하는 일은 아이를 상처받게 한다. 그런 방법으로 아이의 태도가 개선되더라도 큰 상처를 남기게 된다. 깊이 생각해보지 않고 이런 자극적인 방법을 쓰는 것은 매우 현명하지 못하다. 대한민국의 대표 '엄마 친구 아들', '엄마 친구 딸'의 슬픈 굴레에서 성취감을 갖는 것은 '엄마 친구 아들과 딸'뿐이다. 엄마들이 엄마 친구 아들과 딸을 발굴하면 발굴할수록 내 아이는 '엄마 친구 아들보다 못한 아들', '엄마 친구 딸보다 못한 딸'이 된다는 것을 기억하자.

아이들이 열등감에 사로잡히면 그것을 걷어내는 것은 긴 터널을 건너는 것처럼 또 다른 힘들고 어려운 일이 될 수 있다. 다른 아이들과 내 아이를 비교하는 일은 아이에게 열등감을 심어주는 가장 빠른 길임을 잊지 말자.

아이는
엄마와 종일 함께 있어야
행복하다?

"아이랑 함께 있어주지 못해서 늘 미안하죠."

직장을 다니는 엄마들이 이구동성으로 하는 말이다. 직장을 다니기 때문에 전업주부보다는 아이에게 뭔가 늘 못해준다는 생각에 죄책감에 사로잡혀 있다. 영아기에서 3세까지의 시기에는 엄마가 아이와 함께 있는 것이 무척 중요하기 때문에 '직장맘'들의 죄책감을 이해하지 못하는 것은 아니다.

언젠가 과도한 죄책감으로 너무 많이 허용하는 엄마를 만난 적이 있다. 여덟 살 아이를 둔 엄마는 자신이 직장을 다니는 탓에 아이와 함께 시간을 보내지 못하는 것에 늘 죄책감과 미안한 마음을 가지고 있었다. 그렇다 보니 아이와 만나는 시간 동안은 아이의 요구를 거의 무조건적으로 수용했다. 아이가 가자는 곳에 가고, 사자는 것을 사고, 먹자는 것을 먹는 것에 너무나 익숙해졌다.

그 결과 아이는 타인을 배려하는 것을 배우지 못했다. 때로는 하고 싶은 것이 있어도 참고 인내해야 하는데 아이는 전혀 그런 교육이 되어 있지 않았다. 엄마가 과도한 죄책감을 가진 경우, 이렇게 왜곡된 모습의 육아로 변질되기 쉽다.

엄마들이 '직장을 포기해야 하나'를 심각하게 고민하는 경우가 자녀를 키우면서 몇 차례 있다. 아이를 처음 임신하고 출산했을 때가 엄마들이 사회생활과 아이를 두 손 위에 올려놓고 어떻게 해야 할지 고민하는 첫 번째 시기다.

아무런 의사 표현을 할 수 없는 아기를 남의 손에 맡긴다는 것이 너무 미안하고 그 과정에서 어떤 일이 자행될지 불안하기만 하다. 하지만 각종 대중매체에서 불안감을 조성하는 많은 기사를 쏟아내도 엄마니까 현명하게 선택해야 한다.

다만, 이런 선택은 금물이다. 아이를 친가나 외가에 상주시키고 주말에나 잠깐 가서 보고 오는 것이다. 아기가 영아일 때 엄마는 비로소 엄마의 자세를 갖출 준비를 해야 한다. 아기를 낳았다고 다 엄마의 자세를 갖추는 것이 아니다. 아기에 대해 관찰하고 아이의 성향을 파악하면서 조금씩 애착을 형성해가고 엄마로서의 자신감도 키워나가야 한다. 그런데 이런 시기에 전적으로 타인의 손에 맡기면 엄마가 그런 능력을 성장시키는 데 어려움을 겪게 된다.

낮에는 타인에게 맡기더라도 저녁부터 출근 전까지는 아기와 함께 있는 것을 선택하는 것이 아기를 위해서도 엄마를 위해서도 현명하다고 하겠다. 물론 엄마가 피곤하고 회사에서 약간의 지장을 받겠지만, 그 부분을 감수하는 것이 좀 더 지혜로울 수 있다.

이때 엄마와 아기의 애착이 잘 형성되지 않으면 아이가 성장하면서 엄마는 아이에 대한 이해가 부족해 늘 불안하고 아이는 엄마의 애정에 목말라 늘 사랑을 갈구하게 된다. 더 커서 힘든 일들을 겪는 것보다는 이 시기에 육체적으로 조금 더 힘든 것이 훨씬 좋은 선택이다.

두 번째로 엄마들이 사표를 쓸지 말지를 고민하는 시기가 바로 아이가 초등학교에 입학하는 무렵이다. 그전까지는 유치원의 종일반도 있고, 다양한 곳에서 돌봄을 받을 수 있었지만, 아이가 초등학생이 되면 점심도 먹기 전에 집으로 돌아온다. 게다가 항상 유치원 차량으로 등·하원을 하던 아이가 이제는 혼자 걸어서 학교를 갔다 와야 한다. 세상이 흉흉하여 어린아이에게도 몹쓸 짓을 하는 일들이 벌어지는 것을 보며 엄마들의 불안감은 극에 달한다.

아이가 처음 시작하는 학교생활을 자신 있게 하도록 도움을 주려면 주변 엄마들과도 자주 접촉함으로써 아이에게 친구도 만들어주고 학교에서의 상황도 코치해주어야 할 것 같다. 아이의 공부 습관을 잡는 것도 엄마 걱정의 큰 축이 된다. 그러나 이런 걱정들 속에서도 자신과 아이를 위해 현명한 결정을 해야 하는 것이 엄마들의 임무다.

이 시기를 잘 넘기고 나면 세 번째로, 아이의 고등학교 시기가 위기의 순간으로 다가온다. 아이가 대입을 맞이하여 저녁까지 온갖 자습과 학원을 버티고 오려면 먹을 것을 잘 챙겨주어야 할 듯하다. 또한 많은 정보를 습득하여 아이의 대입에 대비해주어야 할 듯한데, 직장을 다니면서는 시간이 나질 않는다.

아이가 미술이나 체육 등 예체능 계열이라면 걱정은 배가된다. 촌각을 다투어야 하는 아이를 지하철이나 버스로 먼 곳까지 다니게 하자니 시간이 아깝다. 아이의 체력이 과도한 스트레스를 이겨낼 정도가 되지 못하는 경우도 많다 보니 엄마들은 동분서주한다. 아이의 인생에서 이 시기를 잘 보내는 것이 아이의 전 인생을 좌지우지할 듯한데, 자신이 직장을 계속 다니는 것이 맞는지 생각해보지 않을 수 없는 것이다.

직장맘들은 항상 아이에게 많은 애정을 주지 못하는 것에 아쉬워하고 죄책감을 가지지만, 상담 현장에서 만나는 전업주부들 또한 그들 나름대로 문제점을 가지고 있음이 아이러니다. 자신의 성취를 얻을 곳이 없어 아이에게 그것을 얻으려 자신에게 자신감이 없어 우울증을 겪는다거나 사회적인 역할에서 소외되는 것에 대한 불만을 아이에게 푸는 전업주부들도 상당히 많다.

일각의 조사에서는 전업주부보다 직장을 다니는 주부가 육아나 가정에서 받는 스트레스가 훨씬 적다는 통계도 나와 있다. 나는 이 통계가 틀리지 않다고 생각한다. 직장맘들은 아이에게 많은 시간을 내지 못하는 것에 국한된 죄책감을 갖는 경우가 많다. 그러나 '전업맘'들은 좀 더 깊이 있는 고민을 가지고 있는 경우가 많다. 자신의 존재가치에 대해 고민하고, 성취하고 싶은 욕구를 해소할 길을 찾아나서야 한다. 그것이 원활히 되지 않을 때 우울하고 자괴감에 빠지기도 한다. 그것은 직장맘들이 느끼는 그것보다 더 깊고 넓은 고민이 될 수 있다.

자신이 성취욕이 강한 성향인데, 직장을 그만두고 전업주부의 길을 걷는다면 그때부터 아이에게도 불행의 시작일 수 있다. 자신의 성향을 우선적으로 고려하는 것이 중요하다. 만일 직장을 다니는 것을 선택했다면 좀 더 좋은 선택을 하려고 매 순간 노력하는 것이 중요하다.

아이는 엄마와 함께 있는 시간이 길다고 엄마가 자신을 사랑한다고 생각하지 않는다. 반대로 짧은 메모나 몇 마디 말로도 충분히 애정을 느낄 수 있다. 오히려 하루 종일 붙어 있으면서 끊임없이 잔소리를 하고 혼내고 화풀이를 한다면 엄마와의 시간은 아이에게 독이다.

수시로 주고받는 휴대전화 문자로도 충분히 애정을 쌓아갈 수 있다. 문자로 '여기 가라, 저기 가라, 이래라, 저래라' 하고 지시성의 말을 하는 대신, 잘할 수 있다고 믿는다거나 대견하다는 말들을 전해주고 소소히 벌어지는 일상을 함께 나눈다면 더욱 돈독한 관계를 이어갈 수 있다.

내가 아는 지인은 아이들과 늘 편지를 주고받는데, 포스트잇에 적어서 아이 책상에 붙여놓는다. 주로 사랑한다거나 함께해주지 못해 미안하다거나 그럼에도 불구하고 잘해줘서 고맙다는 말들이다.

간혹 엄마가 늦는 날은 아이가 엄마에게 하고 싶은 말을 포스트잇에 적어서 붙여둔다. 주로 뭘 먹고 싶다든지 어디 가고 싶다든지 하는 소소한 이야기지만 충분히 소통할 수 있다.

요즘은 어린아이들도 대부분 휴대전화를 가지고 있다. 그래서 회사에서 엄마가 무슨 일을 하는지, 어떤 사람들이 있는지, 사진으로 찍어서 아이랑 주고받는 데 불편함이 없다. 점심으로 무엇을 먹었는지, 이제부터 무슨 일을 해야 한다든지 하는 소소한 일상을 '카톡'으로 나누는 것도 아이와 소통하는 바람직한 방법이다. 물론 퇴근 후에는 낮 동안 해주지 못한 스킨십을 충분히 해주는 것도 잊어서는 안 된다.

아이를 양육하면서 늘 경계해야 할 것은 과도한 죄책감과 불안감이다. 엄마가 죄책감과 불안감을 가지고 있으면 좋은 양육이 이루어지기 매우 힘들다. 그것보다는 자신이 처한 상황에서 좀 더 좋은 방법이 무엇일까를 항상 고민하는 자세가 중요하다.

아이는 함께하는 시간으로 절로 크는 것이 아니다. 아이는 엄마의 관심과 사랑을 먹고 큰다는 것을 기억하고, 어떻게 관심과 사랑을 표현할까를 늘 고민하고 개선한다면, 아이는 충분히 자립심 있고 강하게 성장할 것이다.

자녀교육서에
담겨 있는 말은
모두 정답이다?

"선생님, 요즘 우리 소영이 때문에 걱정이에요. 어릴 때부터 습관을 잘 들여야 고학년이 돼서도 공부도 잘한다고 하던데, 우리 소영이는 공부에는 영 관심이 없어요. 만날 남자아이처럼 밖에 나가서 놀기만 하구요. 그러니 학교 성적도 좋지 않아요. 이러다 공부와 담을 쌓는 건 아닐까 걱정입니다."

초등학교 3학년 소영이 엄마의 하소연이다. 또래 여자아이들에 비해 털털한 성격인 소영이는 잠시도 가만히 있지 못한다. 옷을 예쁘게 입고 다소곳이 앉아 책을 보는 등의 정적인 것에는 도통 관심이 없다.

공을 차고 숨바꼭질을 하고 요즘 유행하는 런닝맨 놀이까지, 뛰고 달리는 신체적 놀이를 즐겨야 직성이 풀린다. 남자아이들처럼 좀 산만하기도 하고 호기심도 많다. 쉽게 말해 남성적인 성향이 강하다고 할 수 있다.

소영이 엄마가 나를 찾아와 상담을 요청한 데는 나름의 이유가 있었다. 며칠 전 소영이 엄마가 읽은 자녀교육서에 여자아이들의 저학년 학교 성적이 고학년 이후까지 이어지기 때문에 혼자서 공부하는 습관을 가질 수 있도록 지도해야 한다는 내용이 있었다. 소영이 엄마는 그 책의 저자 조언을 소영이에게 적용했는데 역효과만 났던 것이다.

"어릴 때 공부 잘하던 아이가 커서도 잘하게 마련이니 선행학습을 열심히 시켜야 한다고 나와 있더군요. 더구나 여자아이들은 소소한 것까지 챙겨주는 것이 좋다고 적혀 있어서 작은 것까지 챙기다 보니 잔소리가 끊이질 않아요. 그래서 자주 소영이와 다투는데, 제가 잘하고 있는지 모르겠어요."

물론 그 책의 내용에 어느 정도 공감한다. 어느 부분에서는 실질적인 도움을 받기도 한다. 하지만 엄마들이 명심해야 할 사항이 하나 있다. 아이들은 저마다 성격과 기질과 취향이 다르다는 것이다. 자녀교육서에 적혀 있는 내용은 그야말로 특정한 대상이 아닌 불특정 다수를 위한 보편적인 내용이다. 따라서 그 내용에 내 아이를 맞추어 양육하는 것은 아이를 망치는 것과 다름없다.

서점에는 하루에도 수많은 책이 쏟아져 나온다. 그중 아이를 제대로 키우는 데 지침이 되는 자녀교육서 종류만 해도 일일이 열거하기 힘들 정도이다. 특히 자녀교육서는 아이를 양육하는 방법이 매우 세부적인 내용까지 자세히 적혀 있다. 이럴 때는 이렇게 말하고, 저럴 때는 저렇게 말하라는 지침도 상세하다. 그런 자료들이 매우 유용할 때도 많고 모르던 사실도 많이 알려주는 것은 사실이다.

그러나 교육서는 어디까지나 참고 사항이어야 한다. 어떤 엄마는 책에 담겨 있는 내용을 참고하지 않고 그대로 따라 했다가 아이에게 상처를 주기도 한다. 내 아이를 제대로 키우고 싶다면 무조건 자녀교육서에만 의존하기보다 내 아이를 제대로 파악하는 것이 중요하다. 내 아이에게 어떤 특성이 있는지, 어떤 것을 좋아하고 싫어하는지, 어떤 때에 더 불안하고 어떤 때에 더 긴장하는지, 또 그런 불안과 긴장을 어떻게 표현하는지 등 내 아이만의 성격과 기질 등을 파악하고 있어야 한다.

엄마가 내 아이에 대해 제대로 파악하고 있을 때 다양한 자녀교육서에 담긴 전문가의 이런저런 조언을 참고로 적용해보거나 응용해볼 수 있다. 내 아이에 대해 제대로 모르는 상태에서 전문가의 조언을 적용하려 든다면 오히려 아이에게 상처만 남긴 채 실패할 수 있다.

그동안 나는 상담을 통해 많은 부모를 만나왔다. 그들을 통해 느낀 한 가지 안타까운 점은, 많은 부모가 내 아이를 잘 파악하지 못하고 있다는 것이다. 아이가 무슨 생각을 가장 많이 하는지, 무엇을 할 때 마음이 안정되고 행복해하는지, 무엇을 가장 불안해하고 두려워하는지 등 기본적인 것들도 파악하지 못하고 있는 경우가 많았다. 그러면서도 책에 나와 있는 내용을 그대로 아이에게 적용하는 것이다. 그러니 아이에게 제대로 먹힐 리 만무하다. 그리고는 "왜 책에 나와 있는 대로 했는데 달라지지 않는 걸까?"라며 불안해한다.

자녀교육서의 내용을 맹신하는 엄마들의 공통점도 있다. 책에 나와 있는 내용과 너무나 다른 내 아이의 모습에 충격을 받는다는 것이다. 그래서 엄마들은 지금이라도 당장 아이에게 무언가 해야 할 것만 같은 불안감에 휩싸인다.

얼마 전 많은 엄마가 어느 특정 자녀교육서를 읽고 그 책에 적힌 '초등학교 4학년에 평생의 성적이 결정된다'는 내용 때문에 많이 불안해했다. 너나없이 '우리 아이는 5학년인데 성적이 점점 떨어지고 있으니 어쩌지? 내가 뭔가 잘 못해주고 있는 건가?' 하는 불안감에 빠졌다. 그러고는 아이의 성적을 올리기 위해 이 학원 저 학원에 보내 안 그래도 공부로 힘든 아이에게 스트레스를 가중시켰다.

영민이 엄마의 말이다.

"우리 영민이가 벌써 5학년이잖아요, 선생님. 책에서 보니까 4학년부터는 교과 과정이 어려워져서 잘 잡아주지 않으면 이후부터는 성적 올리기를 기대할 수 없다고 적혀 있더라고요. 그런데 애가 워낙 늦돼서 잘 따라주질 못하네요. 아직 구구단도 능숙하게 못 외우거든요. 공부는 아무래도 포기해야 할까 봐요. 지금 구구단도 잘 못 외우는 애

가 어떻게 현재 학년 내용을 다 익히고 선행까지 하겠어요. 그동안 저는 인성이 중요하다고 생각해서 학업에는 많이 신경 쓰지 못한 채 키웠는데 제가 아이를 바보로 키운 것 같아요. 요즘은 아이에게 하루가 멀다 하고 잔소리하고 짜증 내는 게 일이에요. 아이가 부족하다고 생각되니까 속상해서 자꾸 잔소리만 하게 되네요.”

영민이 엄마는 학업이 부진한 영민이를 위해 이 학원 저 학원으로 전전해보기도 하고, 좋다는 과외 선생님도 붙여보는 등 나름의 열성을 보였다. 그런데 그럴수록 영민이는 더 산만해졌다고 한다. 나는 영민이가 갈수록 스트레스를 느끼고 산만허지는 이유를 알 수 있었다. 영민이 엄마의 자녀교육서 맹신 때문이었다. 영민이 엄마가 영민이의 특성을 고려해서 책에 적힌 내용을 참고했더라면 그런 편협한 양육을 하는 실수는 하지 않았을 것이다.

아이는 한창 성장하는 과정에 있다. 그러니 그 누구도 아이의 미래를 단정할 수 없다. 내 아이가 지금 다른 아이들에 비해 성적이 낮거나 다른 부분에서 뒤처진다고 해서 아이의 미래까지 열등하다고 단정해서는 안 된다. 지혜로운 부모는 아이가 또래에 비해 다소 부족하더라도 격려와 응원을 잊지 않는다. 시간이 지나면서 아이 스스로 잠재력을 발휘한다는 것을 잘 알기 때문이다.

좋은 정보를 얻어 아이의 교육에 더 좋은 효과를 볼 길잡이가 된다면 정말 좋은 일일 것이다. 그러나 그 정보 때문에 불안해지고 조급해져서 아이에게 자신의 불안을 전가하게 된다면 이런 정보는 아이에게 독이다.

팝페라 가수 임형주가 있다. 어린 시절 그는 늘 바비인형을 끼고 살았다고 한다. 남자아이였는데 항상 바비인형을 끼고 살았으니 여느 엄마들 같으면 "저 녀석 커서 뭐가 될지……" 하면서 적잖이 걱정을 했을 것이다. 얼마나 인형을 좋아했던지 부모가 사준 것과 친지들에게 선물로 받은 갖가지 모양의 바비인형이 백 개가 넘었다고 한다.

그러던 임형주가 한글을 떼더니 『베르사이유의 장미』를 탐독하고는 원작에 나오는 오스칼 왕자가 자신이라며, 스스로 자신을 오스칼 왕자라고 불렀다고 한다. 오스칼 왕자는 남장 여인이었는데, 어린 임형주에게 남장 여인 오스칼이 아름다운 왕자로 비친 것이다.

발달심리학적 측면에서 보면 3~6세 시절에 아이들은 부모와 자신을 동일시하며 적절한 역할 습득을 하고 성에 대한 정체성도 확립한다. 즉, 세상적인 측면에서 보자면 임형주는 성 정체성이 혼미한 아이였다. 하지만 그의 부모는 그렇게 생각하지 않았다. 하루 종일 인형을 가지고 노는 아들을 인정하고, 아이가 매우 감성적이라는 사실에 주목했다. 그리고 아이의 감성을 살려주는 일에 집중하며 아이를 양육했다.

이런 임형주를 바라보는 주변 사람들의 걱정이 없었을까? 아마도 많은 지인이 "아이가 너무 여성스럽다", "남자아이들이 즐기는 운동을 시켜야 한다" 등의 조언을 아끼지 않았을 것이다.

그러나 임형주의 부모는 그런 조언들에 흔들리기보다는 아이의 있는 그대로의 모습을 인정하고, 믿고, 기다리는 것을 선택했다. 물론 그 믿음대로 임형주는 훌륭하게 성장했다.

이 세상의 그 어떤 양육 지침서보다도 더 강력한 힘을 가지고 아이를 잘 키울 수 있도록 해주는 것은 바로 부모의 지지와 확고한 믿음이다. 아이를 양육하면서 많은 부모가 자신이 지금 잘하고 있는가에 대해 의구심을 갖고 불안해한다. 그래서 책을 통해서든 주변의 지인들을 통해서든 조언을 얻고 싶어 한다. 실제 자신의 자녀를 잘 키워낸 부모들의 조언을 듣다 보면 배울 점도 많다.

그러나 주변의 조언을 통해 배우는 것보다 더 실질적인 배움은 내 아이를 통한 배움이다. 내 아이를 관찰하고 내 아이와 교감하는 과정에서 얻게 되는 배움은 아이와 엄마, 양쪽 모두를 성장시킨다.

세상에는 유익한 정보를 담은 자녀교육서가 헤아릴 수 없이 많다. 하지만 그런 좋은 책을 쓴 육아 전문가도 내 아이의 기질이나 특성, 취향에 대해 아는 게 없다. 따라서 먼저 내 아이에 대해 제대로 파악한 뒤 필요한 부분만 참고하는 것이 바람직하다.

내 아이는 세상에 하나뿐인 소중하면서도 특별한 존재이다. 그리고 그런 내 아이를 가장 잘 알고 지도할 수 있는 사람도 다름 아닌 엄마라는 사실을 기억하자. 진정한 자녀교육은 엄마가 아이와 공감하고 교감을 나누면서 내 아이에게 가장 필요한 것이 무엇일까, 하는 물음을 던지는 것에서 시작된다.

부모는
아이 앞에서
실수하거나 화내선 안 된다?

"분노는 매우 큰 힘이다. 그것을 지배할 수 있다면 세상을 통째로 움직일 힘으로 변환시킬 수 있다."

영국의 시인 윌리엄 셴스톤의 말이다. 분노를 지배할 수 있다면 세상을 통째로 움직일 수 있다고 할 만큼 분노는 자유자재로 요리하기 힘든 감정이다. 많은 사람이 순간적인 분노를 다스리지 못해 작은 문제를 크게 만들거나 되돌릴 수 없는 상황을 초래한다.

부모들의 흔한 실수 중 하나가 화를 위장하는 것이다. 초등학교 3학년인 순화의 엄마는 아이 앞에서 함부로 화를 내는 부모는 인격적으로 성숙하지 못하다고 생각한다. 그래서 속상한 일이 있어 화가 치밀어도 억지로 참고 아무렇지 않은 듯 행동한다. 하지만 순화는 엄마가 화가 났고 억지로 참고 있다는 것을 대번에 알아차린다.

순화의 말이다.

"엄마는 말만 괜찮대요. 말로는 시험 점수 안 좋아도 괜찮다고 하면서 하루 종일 화난 것 같아요."

엄마가 말로는 괜찮다고 하지만 눈빛과 손짓으로, 퉁명스럽게 내려놓는 그릇들로 화를 표출하기 때문에 자녀들은 엄마의 "괜찮다"는 말이 절대 진실이 아님을 알아차린다. 그래서 엄마 앞에서 눈치를 살피고 위축된다.

부모라면 모든 화를 다스려야 하고, 화를 내지 않아야 할까? 그렇지 않다. 사람이 느끼는 감정 그 자체만으로는 선과 악은 없다. 그리고 화, 불쾌감, 증오심, 불안감 등도 모두 자연스러운 감정이다. 이런 감정들을 자연스럽게 받아들이고 인정할 때 오히려 건강한 인간관계를 형성할 수 있다. 오히려 부모든 자녀든 자신의 감정을 솔직하게 인정하지 않고 왜곡할 때 문제가 발생한다.

상담사들 사이에서 유명한 사례가 하나 있다.

청소년기의 아들이 정신병원에 입원을 했는데 엄마가 아들을 보러 잠시 병원에 들렀다. 아들은 엄마가 자신을 보러 왔다는 생각에 너무 반가웠고 반가운 마음에 엄마를 보자마자 끌어안으려고 두 팔을 벌려 엄마에게 다가간다. 아들이 자신에게 다가오자 엄마는 화들짝 놀라며 뒤로 한 걸음 물러선다. 아들은 엄마가 놀라며 물러서자 머쓱해져서 엄마를 안으려던 팔을 내리고는 뒤로 물러선다. 그런데 그런 아들을 보고 엄마가 말했다.

"넌 엄마를 만나도 반갑지 않은 모양이구나? 가벼운 포옹도 해주지 않는걸 보니 말이다."

자신의 상황을 잘 변호할 줄 몰랐던 아들은 이럴 때 엄마를 안아야 하는 것인지 말아야 하는 것인지 혼란스러워 안절부절못한다. 엄마가 먼저 아들을 반가워하지 않는 행동을 보였으면서 오히려 자신의 행동에 반응한 아들을 비난한 것이다.

아들이 정신질환을 앓게 된 데에는 아마도 엄마의 영향이 지대할 것으로 생각된다. 엄마의 말과 행동이, 혹은 생각과 말이 일치하지 않는 모습을 보일 때 자녀들은 당황하게 된다.

부모가 서로 싸우면 그것이 꼭 아이들의 눈앞에서 벌어진 일이 아니더라도 아이들은 느낄 수 있다. 가정에 흐르는 묘한 냉랭한 분위기 때문이다. 원인을 알 수 없는 이상한 분위기 탓에 아이들이 무슨 일 있냐고 물으면 부모들은 아무 일도 없다고 말한다.

그러나 부모가 아무 일 없다고 말한다고 아이들이 걱정하는 마음을 접지는 않는다. 부모의 말에도 불구하고 분명 집안에 무슨 일이 있고 그것이 부모를 불편하게 하며 부모의 사이가 좋지 않다는 것을 아이들은 안다.

많은 부모가 자녀 앞에서 싸우는 모습을 보이면 아이들이 불안해할 테니 싸움은 아이들이 없는 곳에서 하거나 아이들 모르게 해야 한다고 생각한다. 심지어 많은 육아서에서도 이렇게 지침을 내리는 경우가 많다.

물론 부모가 싸울 때마다 육탄전을 벌이고 서로 인격적 모욕을 주며 상대의 굴복을 볼 때까지 타협하지 않겠다는 자세로 싸운다면 그런 모습은 자녀에게 보이지 않는 것이 현명하다. 그러나 그런 경우가 아니라면, 아이들 앞에서 싸우는 모습을 브이지 않기 위해 노력하는 것이 아니라, 부모가 의견이 다를 때 좀 더 성숙한 모습으로 잘 싸우고 또 잘 화합하는 모습을 보여주는 것이 올바른 교육이다.

긴 삶을 살아가면서 싸움이나 갈등을 피할 수는 없다. 어떤 관계에도 갈등은 생겨날 수 있다. 지혜롭고 현명한 삶은 그런 갈등을 만났을 때 더 나은 방법으로 자신의 의견을 관철시키거나 혹은 상대의 의견을 받아들이고, 어느 시점에서 타협이 되었다면 다시 화해하고 좋은 관계로 돌아갈 수 있어야 한다. 즉, 부모는 자녀에게 싸우지 않는 것을 가르치는 것이 아니라 갈등이 생겼을 때 어떻게 처리할 것이며 갈등이 생겼다고 관계가 깨지는 것이 아니라는 것을 삶에서 보여주어야 한다.

부모도 사소한 것에 기분이 나쁠 수도 있고 작은 일에도 얼마든지 의견을 달리할 수 있다. 성숙한 부모의 모습은 미숙한 아이들 앞에서 자신은 절대 실수하지 않는 체하거나 화내지 않는 체하는 것이 아니다. 오히려 실수하고 화내는 자신의 모습을 솔직히 인정하고 더 좋은 방향으로 고쳐나가는 모습을 삶 속에서 보이는 것이 진정으로 성숙한 부모의 자세다. 그 속에서 아이들도 자신이 잘못해서 부모가 화를 내기 때문에, 자신을 나쁜 아이로 낙인찍는 것이 아님을 인식하게 된다. 자신의 부모처럼 좋은 방향으로 노력하면 된다는 것을 배우고 익힌다.

진정한 사회성은 주변 사람들과 갈등을 일으키지 않는 것이 아니다. 갈등이 있을 때 상대의 입장을 배려하고 또 자신의 입장을 잘 전달하여 서로 행복하게 지낼 합의 지점을 찾아가기 위해 노력하는 데 있다. 합의 지점을 찾았다면 자신도 행동을 바꾸고 상대를 배려하는 등 노력하는 모습이 진정한 사회성 있는 모습일 것이다.

성숙한 부모와 미숙한 부모의 차이점은 실수했을 때 혹은 감정이 생겨났을 때가 아니라 실수하거나 감정이 생겨난 이후에 어떻게 처리하느냐에서 나타난다.

부모가 되었다고 완성된 인간이 되는 것은 아니다. 내가 수많은 부모를 만나고 상담과 강의를 하지만 그것으로 내가 완전히 그들보다 성숙했다고 보기는 어려운 것과 마찬가지다.

사람은 늙으나 젊으나 매번 갈등을 겪으며 실수하고 좌절하며 또 그것들을 디딤돌로 삼아 매 순간 성장한다. 우리 아이들도 그런 인생을 살아갈 것이다. 부모가 아이들의 눈을 가리고 삶에서 갈등을 빼버린다고 아이들이 갈등 없는 삶을 살게 되는 것은 아니다. 오히려 갈등에 당당히 맞설 수 있고, 자신의 실수를 솔직히 인정하고 고쳐나가며 더 좋은 방향으로 자신을 성장시키는 것이 삶을 잘 살아나가는 지혜임을 배워야 아이들이 세상 속에서도 그렇게 살아갈 수 있다.

09

아이는
칭찬할 때보다
야단칠 때 달라진다?

내가 강의할 때 자주 엄마들에게 하는 것이 있다. 옆사람과 짝을 이루어 한 사람은 주먹을 쥐고 한 사람은 그 주먹을 펴게 하는 것이다. 주먹을 쥔 사람은 있는 힘을 다해 주먹을 쥐려고 애쓰는 반면, 상대방은 어떻게든 주먹을 펴려고 안간힘을 쓴다. 이때 상대의 주먹을 펴려고 하는 엄마들은 다양한 방법을 동원한다.

주먹을 펴지 않으면 때리겠다고 협박하는 엄마, 도구나 힘을 이용하는 엄마, 상대방을 간질이는 엄마, 손바닥을 한 번만 보게 해달라면서 은근슬쩍 유도하는 엄마, 애처로운 표정으로 부탁하는 엄마, 그냥 포기하는 엄마 등등 여러 형태의 엄마들이 있다. 온갖 수단을 동원한 끝에 상대가 주먹을 펴면 희열을 느끼는 엄마들도 있고, 상대가 끝끝내 주먹을 펴지 않아 좌절하는 엄마들드 있다.

그렇다면 주먹을 쥐고 있던 엄마들은 어떤 감정을 경험했을까? 특히 상대가 도구나 힘을 사용해서 억지로 주먹을 펼 수밖에 없었던 엄마들에게 어떤 감정을 느꼈는지 물어보면 주로 이렇게 대답한다.

"지금은 볼펜으로 찔러 그나마 덜 아팠지만 내가 만약에 주먹을 펴지 않는다면 다음엔 볼펜보다 더한 것으로 나를 아프게 하는 건 아닐까, 하는 불안감이 생겼어요."

"힘에 어쩔 수 없이 굴복당하는 느낌이 들어서 싫었어요."

"조금만 더 버텼으면 주먹을 끝까지 펴지 않을 수 있었는데 억울하다는 생각이 듭니다."

엄마들에게 다음에 상대와 다시 주먹 펴기를 한다면 순순히 펴줄 의향이 있는지 물어보면 한 명도 예외 없이 절대 펴주지 않겠다고 다짐한다.

한편, 다른 방법으로 상대의 주먹을 펴게 한 사람들도 있다. 상대에게 아무 행동도 하지 않은 경우도 있었고, 손이 정말 예쁘다며 손바닥도 한번 보고 싶다고 한 경우도 있었고, 그냥 주먹을 펴주길 부탁하는 경우도 있었다. 이때 주먹을 펴려고 노력하는 엄마들은 내심 자신의 방법은 강하지 못해서 상대가 잘 펴주지 않을 수도 있다는 불안감을 가지고 있었다. 하지만 안 펴주더라도 어쩔 수 없지, 라는 생각으로 접근했다고 답한다. 자신의 욕심을 내려놓고 상대의 마음 열기에 집중한 것이다.

이런 방법을 쓴 엄마들의 상대방 엄마들은 어떤 감정을 느꼈을까?

"좀 미안했어요."

"다음엔 쉽게 주먹을 펴줘야겠다는 생각이 들었어요."

"별 생각 없었어요."

다음번에 똑같은 상황이 오면 주먹을 순순히 펴줄 의향이 있는지 물으면 70퍼센트 정도는 그러겠다고 답한다.

내가 엄마들을 대상으로 하는 '부모와 자녀의 관계 회복하기'에 대한 특강에서 엄마들에게 위와 같은 경험을 시키는 데는 나름의 이유가 있다. 아이의 마음을 움직이지 못하면 아이의 작은 주먹 하나도 부모 마음대로 펼 수 없다는 것을 인식시키기 위해서이다. 즉, 내 아이를 부모 마음대로 할 수 없다는 것을 알려주는 것이다.

모든 부모는 아이가 스스로 자신의 일을 잘 처리할 수 있기를 원한다. 또 힘들고 어렵더라도 포기하지 않고 최선을 다하기를 바란다. 아이 스스로 할 수 있기를 바란다면 부모는 아이에게 스스로 할 수 있는 환경을 제공해줘야 한다. 그런 환경이 아이에게 주도적인 생활을 할 동기가 되기 때문이다.

많은 부모가 과거 자신의 부모에게서 따뜻한 훈육을 받지 못하고 자란 경험을 가지고 있다. 그 때문에 아이를 칭찬하거나 아이의 마음을 보듬어주고 공감하는 것을 어색해하거나 방법을 모른다. 그러다 보니 칭찬보다는 효과가 바로 드러나는 듯이 보이는 방법, 즉 야단을 치거나 벌을 주는 쪽을 택한다. 자녀와 소통이 되지 않아 나에게 상담을 요청하는 부모 대부분이 이런 유형이다.

그동안 상담을 하면서 인상 깊은 아이가 있다. 초등학교 4학년 남자아이 우진이는 자신의 특징에 대해 '몸이 아프다'라는 문구를 적었다. 나는 우진이에게 물었다.

"몸이 자주 아프구나. 어떤 질병이 있는 거니?"

"아뇨. 병은 없는데요. 그런데 자주 아파요."

엄마에게 물으니 우진이가 한 달에 한 번 정도는 응급실에 간다는 것이다. 이유를 물으니 집에서도 돌아다니다 탁자에 무릎이 부딪히면 무릎을 부여잡고 데굴데굴 구르며 아무래도 뼈가 부러진 것 같다고 병원에 가자고 한단다.

응급실에 가서 엑스레이를 찍고 의사가 아무렇지 않다고 하면 그제야 일어서서 나온다고 한다. 모르는 사람이 들으면 웃기기도 하고 "녀석 귀엽네" 하고 넘길 수 있겠다. 하지만 매번 경험하는 엄마는 정말 곤욕이다. 몇 년을 밤낮으로 아이를 업고 응급실로 뛰었던 엄마로서는 이 문제는 고칠 수 없는 성질이라며 체념한 상황이었다.

그런데 나와 5주 동안 상담을 하면서 우진이가 달라졌다. 5주 후 자신의 몸을 표현한 그림에서 자신은 더 이상 아프지도 않고 건강하다고 표현한 것이다. 나는 우진 엄마에게 진심을 담아 우진이를 칭찬해 줄 것을 주문했다.

"엄마가 생각해보니까 우리 우진이가 일주일 동안이나 아무 데도 아프지 않았구나. 이제 우리 우진이 몸이 튼튼해졌나 보다. 축하해."

엄마로부터 자주 이런 칭찬을 듣게 되면 우진이는 자신의 몸이 점점 건강해지고 있다는 확신을 갖게 된다. 아프다는 생각보다 건강하다는 쪽으로 사고 전환이 이루어지는 것이다.

그 후로 우진 엄마가 응급실로 뛰어야 하는 상황은 없어졌다. 그동안 사용했던 혼내고, 회유하고, 협박하고, 외면하는 모든 방법으로 고쳐지지 않던 아픈 마음이 자신의 건강한 몸에 대해 집중해서 칭찬하는 것만으로 말끔히 나은 것이다.

어릴 때 재미있게 읽었던 '해와 구름의 대결'에서. 거친 비바람으로 몰아치는 것보다 따뜻한 햇볕을 내리쬘 때 나그네가 외투를 벗었던 것처럼 부모가 아이를 칭찬으로 양육할 때 아이들도 스스로 자신의 잘못된 부분을 고치고, 잘하고 있는 부분을 더 잘하기 위해 애쓰게 된다.

논리적인 상과 벌을 들어라

"누가 이렇게 마트에서 떠드니? 너희 계속 떠들면 오늘 스마트폰 못하게 한다."

아이들이 어릴 때는 이렇게 해도 종종 먹힌다. 그런데 아이가 조금 더 자라고 사고력이 생기면 부모의 말에 콧방귀를 뀌게 마련이다. 아이들이 들었을 때 참 밑도 끝도 없고 앞뒤가 맞지 않기 때문이다. 대체 마트에서 떠드는 것과 스마트폰을 하는 것이 무슨 상관이란 말인가.

부모가 계속 상황을 모면하기 위해 이런 얼토당토않은 상과 벌을 사용하면 스스로 권위를 떨어뜨리는 것이나 마찬가지다. 그런데 실생활에서 부모들이 얼마나 비일비재하게 이런 말들을 하는지 모르겠다.

"이렇게 말 안 들으려면 당장 나가!"

"쓸데없이 떼쓰면 맛있는 거 안 사준다."

"방 치우지 않으면 용돈 없다."

평소 이런 말들, 혹은 이와 비슷한 말들을 당신은 얼마나 쓰는가?

당장 자녀의 태도를 개선시키고 싶어서, 벌어진 일과 아무 연관도 없이, 그저 아이에게 가장 충격적일 만한 벌을 가져다 붙인다. 하지만 이런 말은 논리적 개연성이 없기 때문에 아이가 들으면서도 혹은 이행하면서도 의문스러워하고 타당하지 않다고 여긴다. 이런 말을 하기보다는 말의 앞뒤가 맞고 논리적인 상과 벌을 생각해내는 것이 좋다.

예를 들면 이런 것들이다.

"마트에서 큰 소리를 내며 소란을 피우면 다른 사람들에게 방해가 된단다. 5분쯤 기다렸다가 그래도 멈추지 못하면 우리는 집으로 돌아갈 것이다."

"게임을 오랜 시간 하는구나. 컴퓨터를 오래 사용하면 전기요금이 많이 나온단다. 앞으로는 컴퓨터 사용 시간에 따른 요금을 받도록 하겠다."

"저녁식사 시간에 늦었구나. 오랫동안 상을 치우지 않고 놔둘 수는 없으니 정해진 시간까지 집에 돌아오지 않으면 본인 스스로 차려먹고 치우고 설거지를 해야 한다. 엄마는 정해진 식사 시간에만 식사 준비를 하고 시간이 지나면 모두 치울 것이다. 자신이 차려먹지 않으면 밥을 먹을 수 없다."

이처럼 아이의 행동에 따른 합당한 벌이 인과적으로 주어졌을 때 아이도 합당하게 받아들인다. 부모가 합당하지 못한 상과 벌을 자주 남발하면 아이는 부모를 즉흥적이고 권위적이지 못하다고 느낀다. 부모가 스스로 자신의 권위를 포기하는 결과를 낳는 것이다.

이것은 우리 자신을 돌아보면 쉽게 이해될 것이다. 만일 우리가 무단횡단을 한 것 때문에 휴대전화를 압수당한다면 매우 황당하고 반발하고 싶을 것이다. 만일 우리가 다른 사람을 때린 것 때문에 한 달 동안 시금치 반찬만 먹어야 한다면 쉽게 수긍하기 힘들 것이다. 그것이 전 국민이 오랫동안 지켜오던 문화라면 모르겠지만, 앞뒤가 맞지 않는 상과 벌이 주어지면 어쩐지 들으면서도 갸우뚱하게 되고 벌을 받으면서도 벌 자체에 의문을 가질 것이다.

이렇게 벌 자체에 의문이 들게 하는 것은 벌을 주는 사람 자체의 공신력을 떨어뜨리는 결과를 초래한다. 우리의 주 목적은 벌을 받는 이유를 아이가 깨닫고 차츰 행동을 개선시키는 데 있음을 기억해야 한다.

'칭찬스티커'의 적절한 활용법

많은 부모가 '칭찬스티커'를 남발하다가 결국 실패한다. 칭찬스티커로 효과를 본 적이 있다면 여기저기에 칭찬스티커를 사용하여 행동을 바로잡는 것이 뭐가 나쁘냐고 따질 수도 있겠다. 물론 나쁘다는 말을 하려는 것이 아니다. 다만, 칭찬스티커 같은 좋은 도구를 사용할 때에는 그것에 따른 폐해도 잘 알아야 한다는 것이다.

칭찬스티커는 어떤 행동을 처음 시작하게 하거나 좋지 않은 행동을 개선시킬 때, 아이가 어릴 때, 자긍심을 키워주기 위한 수단으로 사용될 때 좋다. 그런데 몇 번 사용해서 효과가 좋았다고 계속 사용하다 보면, 아이가 이런 장치가 없으면 어떤 일을 하지 않으려고 한다거나 당연히 해야 하는 일에서조차 상을 요구하기도 한다.

칭찬스티커를 사용할 때에는 몇 가지 주의 사항을 지켜가며 적용해보자.

첫째, 개선 행동의 범위가 좁고 명확해야 한다.

예를 들어, '엄마 말 잘 듣기', '공부 열심히 하기', '착하게 행동하기' 등과 같이 기준이 모호하고 범위가 너무 넓은 것을 목표로 잡으면 아이들마다 생각이 달라서 집행하기가 어렵다.

'오늘 학교 숙제 여섯 시 전까지 하기', '여덟 시 전까지 잠잘 준비 마치기(이때에도 잠잘 준비가 어디서부터 어디까지인지 미리 합의를 끝내야 한다)', '식사 시간에 밥을 다 먹을 때까지 식탁의자에 앉아 있기'처럼 구체적이고 명확한 목표를 설정하는 것이 좋다.

둘째, 한 번에 너무 많은 목표를 정하지 않는다.

셋째, 아이들이 익숙하게 지키고 있는지 지켜보고 그렇다면 이후 서서히 철회한다.

규칙을 시행하고 3개월이 넘게 꾸준히 지키고 있고, 아이들이 어느 정도 습관이 들었다고 생각되면 조금씩 스티커 철회에 대한 계획을 세워야 한다. 같은 행동 두 번에 스티커 한 번으로 정하든 사흘에 스티커 한 번으로 정하든 하면서 서서히 스티커의 횟수를 줄여가고 차후에는 스티커 없이도 행동할 수 있도록 돕는 것이다.

이때에는 다양한 요령이 필요하다. 아이들을 다양하게 격려하고 칭찬하면서 엄마가 자녀의 달라진 모습과 좋은 습관을 들인 모습에 대견함을 느끼고 있음을 충분히, 그리고 자주 표현해주어야 한다. 실물로 주는 스티커가 아니라 말과 칭찬으로 주는 스티커인 셈이다. 물론 이런 칭찬도 아이들의 태도가 정착되면 철회하자.

칭찬스티커는 공개적인 자리에 붙여놓는 것이 좋고, 가족 모두가 공공연히 칭찬하는 것이 좋다. 그런 칭찬을 자주 들어서 자존감이 높아지면 나중엔 스티커 때문이 아니라 자기 스스로 좋은 사람이 되기 위해서 행동하게 된다.

만일 엄마가 여러 번 칭찬스티커를 사용하였으나 자꾸 혼내거나 추궁하는 도구로 사용하고, 아이는 벽에 붙어 있는 잔소리 판쯤으로 여긴다면 사용하지 말아야 한다. 어떤 훌륭한 도구라도 자신에게 맞지 않고 관계를 해친다면 자신에게는 좋은 도구가 아닌 것이다.

처음 지적, 나중 칭찬

칭찬은 참 좋은 도구이자 섬세하게 사용해야 하는 도구이다. 자칫 잘못 사용하면 좋은 도구로써의 기능은 없어지고 독이 되기 때문이다. 그래서 더욱 자세히 설명하게 되는 것 같다.

아이가 어떤 행동을 했을 때 그 속에 칭찬할 부분과 지적할 부분이 모두 들어 있는 경우가 많다. 이렇게 양면을 찾아낼 줄 아는 부모는 매우 성숙한 부모다. 보통의 부모는 그저 지적만 보여서 안타까울 따름이다.

만일 아이가 동생을 도와주려고 하다가 접시를 깨뜨렸다고 하자. 이럴 때 아이가 동생을 도와주려고 한 행동은 좋은 행동이다. 그러나 접시를 깨뜨린 행동은 지적 사항이 될 수 있다. 이럴 때 엄마는 "동생을 도와주는 건 좋은데, 조심 좀 하지 접시를 깨뜨리면 어떡하니?"라고 말하는 것보다 "접시를 다룰 때는 조심해야지. 하지만 동생을 도와주려고 한 행동은 좋은 행동이다"라고 해야 한다. 같은 말 같지만, 듣는 사람은 매우 다르게 인식한다.

보통 우리 말은 뒤의 문장에서 결과가 평가되는 경우가 많기 때문에, 처음에 지적을 하고 나중에 칭찬을 하면 아이들은 칭찬을 더욱 크게 각인한다.

하지만 처음에 칭찬을 하고 나중에 지적을 하면 아이들은 처음의 칭찬은 기억조차 못하는 경우가 많다. 이렇게 의도적으로 조금씩만 조절해주면 아이가 자신에 대해 긍정적으로 인식하며 성장하는 것을 도울 수 있다.

작은 성공 과정 칭찬하기

아이가 큰 목표를 설정하고 매진하고 있을 때, 성공의 결과가 나왔을 때 칭찬하려고 기다리지 않는 것이 좋다. 예를 들어 '이번 받아쓰기에서 100점 맞기'라는 목표를 아이가 설정하였다면 시험이 끝나고 100점이 되어야만 칭찬하는 것이 아니라는 것이다.

100점을 맞으려는 목표를 세울 때부터 매 순간 자신을 자제하고 노력하는 모습들마다 칭찬의 대상이 된다. 사실, 그런 목표를 갖는 것 자체도 매우 훌륭한 일이다. 일단 아이 내면에 동기가 형성되었으니 반은 이루어진 것이다.

나머지 반은 아이의 노력으로 이룰 것인데, 매 순간마다 아이는 유혹에 빠질 것이다. 놀고 싶고, 자고 싶은 여러 유혹 속에서도 자신의 자세를 유지하려는 모습을 보이는 것을 칭찬해주어야 한다. 설령 부모의 눈에 미흡해 보이더라도 일단 아이에게 자신을 다잡으려는 마음이 존재했고, 또한 노력한 부분이 있었으니 칭찬해주고 격려해줌으로써 좋은 행동을 유지시킬 수 있다.

어른도 목표를 세우고 성공하기까지 매우 험난한 유혹의 고비들을 넘겨야 한다. 오죽하면 '작심삼일'이라는 말이 나왔을까! 따라서 아이가 좋은 목표를 세우고 지키려고 하는 것 자체가 매우 훌륭한 자세임을 인정해야 한다. 5분 동안 집중하고 10분 동안 딴짓을 한다면, 엄마는 아이에게 이렇게 이야기해야 한다.

"5분 동안이나 집중할 수 있었구나. 지난번보다 집중력이 많이 좋아졌는걸! 하지만 계속 집중을 하는 것이 너무 힘들지? 어른들도 계속 집중하는 것이 힘들단다. 그래도 점점 좋아지고 있는 걸 보니 다음번에는 조금 더 길게 집중할 수 있을 것 같구나. 이렇게 점점 집중력이 커가는 걸 보니 마음속으로 열심히 집중하려고 노력하고 있는 거 알겠어. 너의 집중력이 근육처럼 점점 커지고 있는 게 느껴지니 보기 좋다. 성적을 잘 받는 것도 중요하지만 이렇게 노력하는 모습이 더 훌륭하게 느껴진다."

이렇게 과정을 칭찬해줌으로써 부모는 아이에게 중요한 삶의 가치관을 심어줄 수 있다. 아이는 삶에서 결과보다는 삶을 대하는 태도나 매 순간의 노력이 얼마나 중요하며, 자신의 모습은 정형화되어 있는 것이 아니라 얼마든지 갈고닦아 더욱 좋은 방향으로 향상시킬 수 있다는 것을 배우게 된다.

부모는 칭찬을 통해 100점보다 몇백 배 값진 것을 아이에게 주게 되는 것이다. 이제 100점에 눈을 맞추기보다는 보이지 않는 아이의 노력, 잘해보려는 시도, 선한 의도 등에 눈을 두어 마음과 태도를 칭찬하는 성숙한 부모가 되어보자.

아이의 행동에서 성품을 칭찬해주기

아이의 행동에서 성품을 칭찬해준다는 것이 어떤 말일까? 생각해보면 간단하다. 예를 들어, 아이가 '횡단보도에서 손을 들고 건너는 행동'을 했다고 하자. 그러면 보통 부모들은 "잘했어"라고 한다.

그런데 아이가 이런 행동을 하려면 아이 속에 어떤 성품들이 자리 잡고 있어야만 한다. 첫째, 규칙이나 법을 잘 지켜야겠다는 마음이다. 둘째, 선생님이나 어른들이 해준 이야기를 주의 깊게 듣고 실천하는 실행력이다.

그렇다면 부모는 아이에게 어떻게 칭찬해주어야 할까?

"선생님께 배운 대로 해보려고 하는 마음이 있구나. 그렇게 배운 것을 실천하는 것은 누구나 할 수 있는 일은 아니란다. 배우면 배운 대로 실천해보려는 마음이 네 속에는 있나 보다. 엄마가 보기에 아주 좋아 보인다. 그렇게 규칙을 잘 지키는 모습을 보니 좋은 어른으로 성장할 수 있을 것 같아 기분이 좋구나."

아이가 사소한 행동을 했을 때 품성에 대한 칭찬을 하면 아이는 자신을 좋은 사람으로 인지하게 된다. 이것을 반대로 사용하면 아이는 자신을 나쁜 사람, 형편없는 존재로 인식하게 된다.

　예를 들면, 아이가 물컵을 건드려 물을 엎었다면, 부모는 아이의 행동만을 다루어야 함에도 불구하고, 품성을 비난한다.

　"너는 왜 그리 주의력이 없니? 그렇게 조심성이 없어서 어떻게 할 거야?"

　품성에 대해 이야기할 때와 행동에 대해 이야기해야 할 때를 구분하지 못하여 아이의 자존감을 없애버리고 무기력하게 만들기 일쑤다.

　이제부터라도 꼭 기억하자.

　잘한 일에는 품성으로 칭찬하기!

　잘못한 일에는 품성이 아니라 행동 자체만 이야기하기!

Part 3

아이를 미치게 하는
엄마의 행동

01

엄마,
내 말 한 번만 들어줘
– 아이의 말 건성으로 듣기

대부분 늘 함께하기 때문에 가족에게 무관심한 것이 사실이다. 아이가 엄마나 아빠에게 고민을 이야기하고 싶어도 바쁘다는 이유로 묵살되기 일쑤다. 타인에게는 더 친절하고 타인이 말하는 고통은 크게 공감하면서도 가장 긴밀한 가족에게는 그렇게 하지 못하는 것 같다.

나는 가족이란 너무 가깝게 있기에 가장 먼 존재라고 생각한다. 다양한 이유로 무관심하거나 조금 불친절하게 대해도 가족은 서로 이해하리라 생각하기 때문이다. 그동안 있었던 힘든 일들도 모두 잘 견뎌낸 가족이기에 이번 일도 그렇게 잘 견디리라 생각하면서 안일하게 넘긴다.

아이가 엄마의 치맛자락을 붙잡고 한마디한다.

"엄마, 형아가……."

"병찬이는 왜 그런지 모르겠어."

아이는 망설이다가 힘들게 말을 꺼냈는데 엄마는 눈치채지 못한다. 엄마 머릿속에는 늦기 전에 빨리 해야 하는 아이의 숙제와 어질러진 방을 치워야 한다는 생각만 가득하다.

"쓸데없는 소리 그만하고 가서 숙제나 해."

"엄마 자꾸 신경 쓰이게 할 거야? 넌 누굴 닮아서 그런지……."

이런 일들은 대부분의 가정에서 빈번히 일어난다. 아이는 나름의 고민 후 엄마에게 말을 꺼냈지만 엄마는 오히려 야단으로 무안을 준다. 엄마의 이런 행동은 아이의 마음이 닫히기에 충분하다.

이런 광고가 있다. 아이가 현관에서 운동화 끈을 묶었다 풀었다 하는 행동을 반복한다. 학교 가는 것이 싫고 힘든 아이를 향해 엄마는 빨리 학교에 가라면서 윽박지른다. 아이가 뭔가 할 말이 있는 눈빛으로 "엄마" 하고 부르지만 엄마는 무심히 할 일만 한다. 다음 화면에 '마음속으로 수없이 말했을지 모릅니다. 도와달라고'라는 문구가 뜬다.

자살을 시도하는 많은 사람이 자살에 대해 단 한 번 생각하고 즉시 실행에 옮기는 것이 아니다. 자신의 고민을 주변 사람들에게 꺼내놓으려고 여러 번 시도한다. 그래도 자신의 이야기에 귀 기울이지 않을 때는 자살할 것이라는 말도 한다. 그래도 누구 하나 귀 기울여주지 않으니 자살을 실행에 옮기는 것이다.

아이들이 작은 고민을 털어놓거나 작은 문제를 해결하고자 시도할 때 이것을 반복적으로 무시하면 아이들은 자신의 고민을 주변 사람들에게 꺼내놓는 것을 어색해한다. 한편으로는 자신의 일은 자신이 혼자서 해결하는 강한 사람으로 성장하는 것처럼 보이지만 그렇게 성장한 성인의 마음속을 들여다보면 어릴 때의 고통스런 상처를 그대로 끌어안은 채 전혀 성장하지 않은 '어른 아이'가 마음속에 들어 있다.

강한 사람이란 자신이 힘들 때 주변 사람들에게 도움을 청할 수도 있고, 주변 사람들이 힘들어할 때 자신이 도울 수도 있는 사람이다. 이렇게 내 아이를 강한 성인으로 성장시키기 위해선 엄마와 아이 서로 도움을 청하는 것과 들어주는 연습을 해야 한다. 아이가 작은 도움을 구할 때마다 무시하는 것으로 일관하는 엄마라면 아이가 청소년이 되었을 때 고민을 털어놓아도 그것을 들어주는 것에 익숙하지 않아 오히려 당황하고 만다.

아이가 도움을 청하는 것도, 엄마가 아이에게 도움을 주는 것도 단번에 잘할 수 없다. 지금부터 하나씩, 천천히 훈련해야 한다. 처음에는

동생이 귀찮게 구는 것이나 형이 과자를 빼앗아 먹는 문제처럼 사소한 것들로 시작될 테지만, 아이가 성장해가면서 어떤 진로를 선택할지, 어떤 배우자를 선택할지, 어떤 인생을 살아야 할지 등 크고 중대한 문제들로 그 주제가 옮겨가게 된다.

그런데 안타깝게도 대부분의 부모는 어린아이의 사소한 고민에 귀 기울여주거나 함께 해결해주지 못한다. 오히려 부모에게 고민을 꺼내 놓는 아이를 그런 문제 하나 혼자 해결하지 못하는 칠칠치 못한 아이로 여긴다. 그런데 재미있는 점은, 이런 부모가 훗날 아이가 성장했을 때 더 이상 자신들과 상의하지 않는 아이들에게 섭섭함을 느낀다는 것이다. 정작 아이들이 부모와 상의하지 않도록 만든 것은 부모 자신인데도 말이다.

나는 다양한 아이들 그리고 그 부모들과 상담을 하는 동안 어떤 패턴을 느꼈다. 또한 아이들이 어린 시절에 부모와 맺는 관계가 청소년기가 되고 성인이 되었을 때 어떤 패턴으로 이어지는지도 발견했다.

부모가 해야 할 것을 지키며 살지 못하는 것이 아이들에게 훗날 얼마나 큰 고통으로 다가가는지 종종 본다. 생활에 치여 소홀히 했던 문제들로 인해 감당하기 힘든 불행한 삶을 사는 사람들을 볼 때 마음이 아프다. 내가 책을 쓰는 이유도 이 때문이다.

그리 큰 흥행을 하지는 못했지만, 무심히 넘긴 아이의 슬픔에 대해 다룬 영화 〈6월의 일기〉가 있다. 아들과 단둘이 사는 엄마는 중학생 아들 녀석이 매일 학교에 가지 않으려고 하는 것 때문에 실랑이를 벌인다. 아들에게 욕도 하고 때려보기도 하고 협박도 하면서 엄마는 아들을 학교에 보낸다. 아들은 소심하게 말한다.

“엄마, 나 학교 안 가면 안 돼?”

아들이 이 핑계 저 핑계를 댈 때마다 학교 가기 싫어 꾀를 피우는 것이라 생각하고 온갖 방법으로 학교에 보내기 바쁘다. 엄마도 남편과 이혼하고 홀로 생계를 감당하면서 나름대로 삶이 벅차기에 아들의 투정까지 받아줄 마음의 여유가 없었던 것이다.

그러던 어느 날 아들이 자살을 한다. 아들이 죽고 난 후, 엄마는 아들이 왜 그토록 학교에 가기 싫어했는지를 알게 된다. 학교에서 지독한 왕따를 당하고 있던 아들은 그야말로 지옥 같은 학교생활을 하고 있었던 것이다. 모든 사실을 안 엄마는 아들이 했던 말들을 무시했던 자신의 모습에 깊은 죄책감을 느끼고 아들의 복수를 한 후 자신도 죽음을 선택한다.

우리가 매일 살을 부비며 살아가는 가족은 세상에서 가장 귀한 보물들이다. 그런데 정작 덜 중요한 것들 때문에 보물들에게 소홀히 한다. 지나고 나면 기억도 나지 않을 사람들에게 친절한 우리는 매일 가까이 있다는 이유로 가족에게 너무나 무관심하고 소홀하지 않은가.

자살로 아이를 보낸 모든 엄마가 공통적으로 하는 말이 있다.

“이럴 줄 알았으면 아이에게 관심을 더 가지는 건데…… 이렇게 힘든 줄도 모르고 있었네요.”

“왜 엄마인 나한테 말을 안 했을까요?”

다람쥐 쳇바퀴 돌듯 하루하루가 정신없이 바쁘게 흘러간다. 며칠 전 일이었던 것 같은데 몇 달 전의 일이다. 정신없이 사는 것은 그만큼 세상살이가 힘들어졌다는 방증이다. 그래서인지 아이의 소소한 감정을 읽어주고 아이와 눈을 마주치는 여유조차 없을 때가 많다.

그러나 아이는 부모에게 가장 중요한 존재이다. 오죽하면 눈에 넣어도 아프지 않다, 라는 말을 했을까. 가장 아끼고 사랑하는 아이의 말을 절대 건성으로 듣거나 무관심으로 일관하지 말자.

아이가 조그만 손으로 엄마의 옷자락을 잡을 때 하던 일을 멈추자. 아이의 눈을 맞추고 이야기를 들어주고 함께 문제를 해결하기 위해 노력해야 한다. 그래야 아이도 더 크고 힘든 문제를 꺼내놓고 진지하게 상의할 것이다.

02

난 에디슨이 아니야
– 능력 이상의
지나친 기대하기

"꿈은 크고 원대하게 가져라!"

모든 엄마가 아이에게 크고 원대한 꿈을 심어주고 싶어 한다. 아이가 그 꿈을 향해 최선을 다해 노력하는 모습을 보이면 그보다 더 뿌듯한 일은 없다고 생각한다. 그런데 아이러니하게도 아이에게 원대한 꿈을 심어주고자 하는 부모의 노력 때문에 오히려 아이가 자신의 꿈과 멀어지거나 열등감을 갖는 경우가 많다.

김연아 선수가 한국을 넘어 세계적인 스타로 명성을 날리던 때 많은 부모가 아이들을 스케이트장으로 이끌었다. 너도나도 스케이트 레슨을 시키며 내 아이가 제2의 김연아가 되는 꿈을 꾸었다. 연정이 엄마처럼 말이다.

"우리 연정이 스케이트 정말 잘 타네. 연정이는 스케이트에 재능이 있는 것 같아. 김연아 선수처럼 말야. 너도 열심히 하면 김연아 선수처럼 될 수 있어."

엄마의 이런 말은 아이들에게 크게 동기부여가 되거나 하지 않는다. 초등학생 정도면 자신의 실력이 어느 정도인지 스스로 알기 때문이다. 자신은 아직 김연아 선수의 발꿈치에도 못 미치는데 성급한 엄마의 욕심에 자녀는 당황하고 만다. 물론 김연아 같은 멋진 딸을 두고 싶은 엄마의 마음은 충분히 이해가 되지만 그 욕심이 지나치면 오히려 아이의 의욕을 꺾는 결과를 초래한다.

아이가 어떤 일에 흥미를 보이거나 또래들에 비해 잘하는 모습을 보이면 성급히 재능과 연결시키는 부모가 많다. 그래서 아이가 조금만 잘해도 호들갑을 떨며 폭풍 칭찬을 한다. 그러다 아이가 부모의 기대에 미치지 못하면 금세 실망한다. 이럴 경우 아이는 자신의 자연스러운 모습을 드러내는 것에 부담을 느낀다. 점점 부모와 소통이 어려워지고 자신을 감추고 포장하는 것에 급급해진다.

아직 연정이는 피겨 스케이터가 될 마음의 준비도 되어 있지 않고 그런 꿈을 품지도 않았다. 연정이는 이렇게 생각할지 모른다.

'난 그냥 스케이트 타는 게 재미있는데 엄마는 내가 스케이트 선수가 됐으면 좋겠다고 생각하나 보다. 난 그렇게 잘 타지도 못하는데 어떻게 김연아 선수처럼 되라는 거지?'

연정이는 재미있게 즐기던 스케이트가 갑자기 자신의 미래의 직업으로 연결되자 부담감을 느낀다. 그런데 대부분의 부모가 이런 아이의 마음을 이해하지 못한다.

"돈이 없어서 못하는 것도 아니고, 가르쳐주고 시켜주겠다는데 좋아하는 게 당연하지, 부담은 무슨 부담이에요? 우리 애는 돈이 없고 가난해서 자기 재능도 살려볼 수 없었지만 지금은 그런 세상도 아니고 얼마나 여건이 좋아요? 엄마 아빠가 비싼 돈 들여 시켜주겠다고 하는데도 하기 싫다고 하는 모습이 한심하기 짝이 없습니다.”

상담을 하다 보면 실제로 이렇게 이야기하는 부모들을 종종 만난다. 부모 생각에는 어떤 것이든 시켜주겠다고만 하면 아이가 좋아하고 감사해하며 열심히 하는 것이 당연하다.

하지만 부모들이 간과하는 것이 한 가지 있다. 바로 꿈의 생성 과정이다. 꿈은 어느 날 한 번의 강렬한 경험으로 생겨날 수도 있고, 긴 시간 노력하고 집중해오던 것이 꿈으로 발전할 수도 있다. 사람마다 꿈을 갖게 되는 계기는 모두 다르다. 언제 어떤 것을 꿈으로 선택할지는 아이에게 달려 있다. 꿈은 타인이 억지로 강요할 수 있는 게 아니다. 아이는 다양한 직간접의 경험을 통해 꿈을 찾는다.

언젠가 tvN 〈스타특강쇼〉에 개그우먼 김현숙이 출연해 자신이 어떻게 꿈을 가지게 되었는지를 이야기했다. 김현숙은 〈막돼먹은 영애씨〉 시리즈의 주인공 영애 역으로 인기 가도를 걷고 있다. 〈막돼먹은 영애씨〉가 인기 드라마가 된 것은 여느 드라마들과 다르게 여자 주인공이 그리 날씬하지도, 예쁘지도 않다는 점과 일상에서 벌어지는 굴욕적인 상황이나 망신스러운 사건들을 천연덕스럽게 망가지며 연기하는 모습이 시청자의 공감을 얻었기 때문이다.

지금의 모습과는 달리 어릴 때 김현숙은 매우 조용하고 수줍음이 많았다. 같은 반 친구들은 그녀가 교실에 함께 있는지조차 인식할 수 없을 만큼 존재감이 없었다고 기억한다. 그렇게 조용하던 그녀는 어느 날 텔레비전 프로그램에서 약장수를 보게 된다. 텔레비전 속 약장수의 추임새며 말투가 너무 재미있고 흥미로워서 뇌리에 강하게 남게 된다.

그것을 본 다음 날, 반 아이들이 자신의 꿈에 대해 교탁 앞에 나와서 발표하는 수업이 있었다. 그녀는 어제 본 약장수처럼 자신의 꿈을 소개하면 재미있겠다는 생각이 불현듯 들었다. 그녀가 발표를 하겠다고 손을 번쩍 들자 반 아이들 모두 의아한 표정을 지었다. 평소 조용했던 그녀가, 누가 시킨 것도 아닌데 발표하겠다며 손까지 들고 앞으로 나가는 모습에 아이들이 적잖이 놀란 것이다.

결국 그녀는 교탁 앞에서 약장수 말투로 꿈에 대해 멋지게 발표했다. 그녀는 교탁 앞으로 나갈 때도, 그 므든 것을 선보일 때도 도대체 무슨 정신으로 했는지 기억나지 않을 정도로 제정신이 아니었다고 회상했다.

그 모든 일이 다 끝나니 갑자기 제정신이 들면서 '내가 지금 무슨 짓을 한 거지' 하는 생각에 창피함과 당황스러움이 한꺼번에 몰려들었다. 잠시 멍하니 서 있는데 일순간 친구들이 환호하며 응원하는 소리가 들렸다. 그때 친구들의 환호하는 모습을 보면서 '이건 뭐지' 하는 생각과 함께 내면에서 희열 같은 게 꿈틀대는 것을 느꼈다. 그녀는 순간 많은 사람에게 무언가를 보여주고 웃겨주는 일을 해보고 싶다는 생각을 갖게 되었다. 그리고 그것이 서서히 그녀의 꿈이 되었다.

꿈 씨앗을 품은 김현숙은 주변 사람들이 외모와 경제적인 문제를 들어 부정적인 말을 해도, 난관이 닥쳐도 모두 극복해나갔다. 이런 꿈 씨앗은 타인에 의해서가 아니라 자기 스스로 찾아야 한다. 주변 사람들이 어떤 계기를 만들어줄 수는 있지만 그것을 나의 꿈으로 연결하는 것은 결국 스스로의 노력에 달렸다.

꿈을 찾는 데 늦은 나이란 없다. 그리고 세상의 기준이나 조건도 중요하지 않다. 뚱뚱한 몸매의 '막돼먹은 영애씨' 김현숙이 보여주듯이, 꿈은 나이와 세상의 기준이나 조건을 뛰어넘는다. 대한민국 대표 천하장사인 이만기도 중학교 2학년 때까지는 반에서 가장 작은 아이였다고 고백한 바 있다.

나는 부모들의 조건이나 기준이 얼마나 무의미한가를 자주 곱씹어 본다. 꿈은 결코 부모의 욕심이나 조바심으로 찾아지거나 실현되지 않는다. 욕심과 조급한 마음을 내려놓고 천천히 아이와의 대화를 통해 아이가 무엇을 하고 싶은지, 무엇에 관심이 있는지 탐색해야 한다. 또한 아이에게 다양한 경험을 하게 하고 아이의 마음속에 어떤 꿈 씨앗이 담겨 있는지 살피면서 나아가는 것이 부모의 역할이다.

03

맨날 안 된대
– 무조건 요구 거절하기

"싫어!"를 입에 달고 사는 아이가 있다. 부모가 뭘 하자고 해도, 뭘 먹자고 해도, "싫어!"를 남발한다. 이런 아이를 보면 참 답답할 때가 많다. 뭐든 생각도 해보기 전에 "싫어!"가 먼저 나온다.

마찬가지로 "안 돼!"를 달고 사는 엄마들이 있다. 아이가 어딜 간다고 해도, 뭔가를 산다고 해도, 어떤 것을 먹는다고 해도, 무조건 "안 돼!"를 먼저 외치고 보는 것이다. 이런 엄마들은 아이의 요구 사항에 무조건 "안 돼!"를 외치고는 그 이후에 안 되는 이유를 찾아 나선다.

사실, 특별하고 엄청난 이유가 있어서 반대를 하는 것이 아니다. 그저 습관이 그렇게 들어버렸을 뿐이다. 이런 엄마들은 아이가 좋지 않은 선택을 할 것이고, 무능하며, 판단력이 좋지 못하다는 선입견을 기본적으로 가지고 있다.

아이들을 믿지 못하기 때문에 안 된다는 말로 규제하는 것이다. 아이가 좋지 못한 선택을 할 것이라고 생각하며 아이를 키우면 좋지 못한 선택을 하는 아이로 성장하는 게 당연하다. 아이를 무능하다고 생각하며 키우면 무능한 아이가 되는 것이다.

내 아이가 초등학교 3학년 무렵, 요리에 관심을 한창 기울이기 시작했다. 자기 생각에 라면이 가장 도전하기 쉬운 과제였는지 라면을 끓여보고 싶다고 말했다. 나는 아이에게 라면을 끓이는 방법을 상세히 알려주고 불을 다루는 방법 또한 세심히 알려주었다.

어느 날 내가 집에 없을 때 아이가 오빠에게 라면을 끓여서 대접했다. 집에 돌아와 그 상황을 보았을 때, 어른이 없는 시간에 불을 다루게 하는 것에 대한 고민을 잠깐 했던 기억이 난다.

나는 아이에게 나의 고민을 이야기해주고 불을 조심히 다루는 방법과 뜨겁게 달구어진 냄비를 다룰 때의 주의 사항을 조금 더 잔소리했다. 그 후로 아이는 자신이 먹고 싶을 때 라면을 끓이기도 하고 친구들과 라면 파티를 벌이기도 했다. 다행스럽게도 한 번도 다치거나 데인 적은 없다.

세상에는 위험한 것이 많다. 자동차도 조심해야 하고, 좋지 않은 친구들과 어울리는 것도 경계해야 하고, 좋지 않은 버릇이 들까도 경계해야 할 것이다. 그러나 그 모든 위험 속에 노출된 채로 아이들은 살아가야 한다. 위험 속에서 스스로 자신의 행동을 선택해야 한다.

차가 위험하기 때문에 차를 타고 다니지 않을 수는 없다. 불을 다루는 것이 화상의 위험이 있고 화재의 위험이 있기 때문에 불을 다루지 못하게 하는 것은 옳지 못하다. 그보다는 위험을 다루는 방법을 가르치는 것이 현명하다. 차가 위험하기 때문에 운전을 배우지 않는 것보다는 좋은 운전 방법을 익히는 것이 현명하다. 불이 위험하기 때문에 다루지 못하게 하는 것보다는 불을 잘 다루는 방법을 가르치는 것이 현명한 것이다.

어느 날 아이가 PC방에 가고 싶다고 말한다면 엄마인 당신은 어떻게 대응할까? 이때 가지 못하게 하는 것보다는 엄마가 진실로 걱정하는 부분에 대해 이야기를 나누고 아이가 어떤 선택을 할지 미리 이야기 나눠보는 것이 현명하다. 차후에 엄마가 염려하는 불미스러운 일이 벌어졌다면 그것은 또 그때 처리해야 할 문제다. 그때 가서 다시 아이와 의논하고 지혜롭게 처리하면 된다. 불미스러운 일이 예측된다고 아이를 억압적으로 통제한다면 아이는 더 이상 엄마에게 이야기하지 않고 비밀리에 독자적인 행동을 하게 된다.

아이는 자유를 추구하는 독자적 인격체임을 기억하자. 아이들은 늘 성장하고 싶어 하고 새로운 도전을 하고 싶어 하고 자신의 능력을 시험하고 싶어 한다. 그러면서 동시에 그런 시도들에서 실패할까 두려워하는 마음도 가지고 있다.

이럴 때 부모가 아이의 능력을 폄하하며 믿어주지 않는다면 반발심이 생기거나 자존감이 낮아져 소극적이 되거나 둘 중 하나가 된다. 아이가 새로운 것을 시도하고 싶다고 하면 걱정이 앞서더라도 적극 지지해줘야 한다.

사람은 평안히 자다가도 죽을 수 있고, 인도를 조심히 걷다가도 차에 치일 수 있다. 일어나지도 않은 일을 미리 걱정하여 모처럼 아이가 자신의 능력을 키우려고 하는 시도를 좌절시키는 것은 어리석다.

엄마들은 유난히 상처나 사고에 불안감을 가진다. 한때 풀에 붙어 사는 진드기 때문에 몇몇 환자가 사망하는 사건이 일어났을 때 전국에서 일제히 강변에 놀러 간다거나 산행을 하는 것을 자제하는 분위기가 확산된 적이 있었다. 진드기를 퇴치하는 약품도 성행하고 진드기 퇴치 성분이 함유된 섬유로 만든 옷도 나왔다. 그러나 한 해에 진드기로 인한 사망률은 매해 일본뇌염으로 인한 사망률보다도 훨씬 낮았다.

사람이 살아갈 때 중심을 잡는 일은 무엇보다도 중요하다. 점점 더 많은 정보가 우리의 주위를 넘나들고 이곳저곳에서 불안을 조장하는 말들이 떠돌아다닌다. 오늘은 이런 음식이 좋다고 하고 내일은 그 음식이 어디에 안 좋다고도 한다. 오늘은 아이를 이렇게 길러야 한다고 하고 내일은 아이를 그렇게 기르면 안 된다고도 한다. 그런 정보를 만날 때마다 불안에 쉽게 휩싸이고 가치관이 여지없이 흔들린다면 꿋꿋한 육아나 안정적인 가정의 모습과는 조금 멀어진다.

아이를 대할 때 벌어지지 않은 불안한 정보로 아이를 대하면 아이도 알 수 없는 불안감을 자신의 기본 정서로 삼게 된다. 언젠가 자신은 아이를 한 번도 소풍에 보내지 않은 것을 자랑처럼 이야기하는 엄마를 만난 적이 있다. 만에 하나 다치거나 실종되는 것이 내 아이라면 어떡하냐며 미연에 방지하는 것이 현명한 육아법이라고 적극 주장하는 엄마였다.

어떤 것이 절대 진실이라고 나도 주장할 수는 없다. 그 엄마의 말처럼 만에 하나 그것이 내 아이의 일이 된다면 위험에 노출시키며 키우는 것이 매우 위험한 일일 수 있다.

그러나 어떤 세대를 막론하고 사건과 사고는 일어난다. 삶에는 늘 위험이 도사리고 있다. 그 위험이 두려워 시도하지 못한다면 인생의 폭은 매우 좁아질 수밖에 없음은 자명하다.

가스레인지를 만지는 것이 두려워도 직접 라면을 끓일 수 있어야 한다. 위험을 다룰 줄 아는 능력을 좀 더 빨리 체득시키고 그런 능력을 믿어준다면 아이는 행동과 사고의 폭을 더욱 넓힐 수 있다. 초등학교 3학년 때는 라면만 끓일 수 있던 내 딸이 4학년이 되어선 달걀 프라이도 하고 김치 볶음밥도 도전하는 것처럼 말이다.

자신이 PC방에 가서도 잘 처신할 것을 믿어주는 엄마를 둔 아이는 담배를 피우지 않을 것이고 선정적이고 폭력적인 게임을 선택하지 않을 가능성이 높다. 그러나 엄마가 자신을 믿지 않는다고 느끼는 아이는 몰래 PC방을 드나들고 엄마에게서 채워지지 않은 허전함을 다른 자극적인 것으로 채우려 할 것이다.

아이는 지속적으로 성장한다. 엄마는 아이를 다치거나 깨지지 않도록 온실 속에 가두는 게 아니라 더 큰 곳으로 나아가도록 성장시키고 능력을 배양하도록 이끌어주는 역할을 해야 함을 잊지 말자. 불안과 두려움에 "안 돼"를 외치기브다는 엄마가 걱정하는 부분을 좀 더 세심하게 지도하고 더 큰 성장을 하도록 돕는 역할을 해야 한다. 엄마가 그렇게 할 때 아이는 더 큰 세상 속에서도 중심을 잡고 바로 서는 건강한 어른으로 성장할 수 있다.

04

난
잘하는 게 하나도 없어
– 장점보다 단점에 초점 맞추기

"전 원래 이런 거 잘 못해요."

상담실에서 만나는 아이들과 새로운 것을 시작하려고 하면 아이들이 자주 하는 이야기이다. 그럴 때마다 나는 이렇게 용기를 북돋워 준다.

"못해도 괜찮아. 열심히 하고 재미있게 하는 게 중요해. 그리고 못하는 게 아니라 많이 안 해본 것뿐이야. 누구든 많이 해보면 잘할 수 있게 된단다."

자신이 어떤 것을 잘 못한다고 스스로 평가하는 아이들 대부분은 낮은 자존감을 가지고 있다. 낮은 자존감을 형성하게 된 가장 큰 원인은 장점보다 단점에만 초점을 맞추는 엄마이다.

이런 아이들은 자신이 어떤 것을 이루고도 자신의 능력에 확신을 갖지 못한다. 자신의 힘으로 성공했더라도 '이번엔 우연히 그렇게 되

었을 거야', '다른 아이들도 다 이 정도는 할 거야', '뭐 대단한 걸 한 것
도 아니잖아'라고 생각하며 자신이 이룬 성공을 스스로 깎아내린다.
엄마가 아이의 단점에 지나치게 집중하면 아이는 자기 자신을 단점 덩
어리로 인식하고 무가치한 존재라고 생각하게 된다.

어린 시절 형성되는 자아 정체성의 대부분은 아이와 가까운 주변
사람들의 평가에 의해서 형성된다. 이 중에서 가장 중요한 역할을 하
는 사람이 엄마와 선생님이다. 엄마와 선생님이 아이에 대해 지속적으
로 부정적인 이야기를 하면 아이는 자신을 부정적으로 인식하게 된다.
반면, 주변 사람들이 아이를 긍정적으로 인식하고 지속적으로 긍정적
인 이야기를 하면 아이는 자신을 긍정적으로 생각하게 된다.

많은 사람이 알고 있는 '양파 실험'이 있다. 두 개의 양파에 하나는
"사랑해", "잘했어", "좋아해", "예쁘구나" 등의 긍정적인 이야기를 해
주고, 다른 하나의 양파에는 "미워!", "싫어!", "못해!", "나빠!" 등의
부정적인 이야기를 지속적으로 해주었다. 40일 후에 그 둘을 비교해
보았더니 긍정적인 이야기를 들려준 양파는 싱싱하고 건강하게 많은
잎을 키우며 성장해 있었다. 반면, 부정적인 이야기를 들려주었던 양
파는 잎이 거의 나지 않았고, 심지어 썩어가는 부위도 생겨났다.

모든 조건이 같은 상황에서 양파에게 해주었던 말만 달랐는데도
두 개의 양파는 서로 다른 양상을 보였다. 말을 알아듣지 못하는 양파
도 이러한데 말의 의미를 아는 아이들은 오죽할까. 평소에 무심코 하
는 엄마의 부정적인 말이 아이의 정서와 자아 형성에 나쁜 영향을 끼
치게 된다는 것을 미루어 짐작할 수 있다.

사회성 상담으로 만난 승범이는 초등학교 2학년 남자아이였다. 영리하고 예민한 승범이는 자기 자신을 표현하는 그림에서 자신을 '열등'하다고 표현했다. 집에서도 열등하고, 학교에서도 열등하다는 것이다. 왜 그렇게 생각하는지 물었더니, 집에서도, 학교에서도 자주 지적받고 혼난다고 말했다. 승범이는 자신의 이미지를 '열등함'으로 각인하고 있었던 것이다.

그러던 승범이가 두어 주 만에 급격한 변화를 보였다. 학교에서도 더 이상 지적받지 않고 친구도 많이 생겼다고 자랑을 하기 시작한 것이다. 승범 엄마도 갑자기 승범이가 너무 많이 변했다며 놀라워했다. 매사에 최선을 다해 노력하고, 밝고 긍정적인 생각을 하기 시작했다고 한다.

내가 승범이에게 해준 것은 단 하나, '칭찬'뿐이었다. 흘려보내기 쉬운 작은 부분을 잡아서 구체적으로 칭찬해주었다. 그런 칭찬이 칭찬에 목말랐던 승범이에게 자신감을 넣어주고 다른 부분들도 좋아질 수 있도록 만든 것이다. 나를 만나기 전 그동안 집과 학교에서 산만하고 충동적이고 고집까지 센 승범이의 행동을 교정하기 위해서 많은 방법을 동원했다. 혼도 내고 벌을 주는 등 여러 방법을 활용했지만 승범이는 나아지지 않았다. 그러나 나는 승범이에게 사소한 부분을 구체적으로 칭찬해줌으로써 승범이 스스로 달라지게 했다.

많은 엄마가 아이의 단점을 교정하는 가장 효과적인 방법이 아이에게 단점을 지적해주고 어떤 방법으로 고치라고 제시하는 것이라고 생각한다. 하지만 실제로 아이의 단점을 교정하는 가장 효과적인 방법은 단점에 대해 이야기하기보다는 장점을 알려주고 아이 스스로 자신을 멋진 사람으로 커가고 싶은 마음이 생기게 하는 것이다.

석공들은 커다란 돌덩이를 보면서 머릿속으로 이런 상상을 한다.

'이것으로 호랑이를 만들어야겠구나. 이쪽은 머리고 이쪽은 꼬리로 해야겠구나.'

석공이 돌을 보고 호랑이를 상상하면 호랑이가 되고, 돼지를 상상하면 돼지가 된다. 석공이 돌을 못쓰는 돌로 낙인찍으면 쓸 수 없는 돌이 되지만, 그 돌로 더없이 소중한 것을 만들어야겠다고 생각하면 소중한 물건으로 다시 태어난다. 이것을 심리학에서는 '미켈란젤로 효과'라고 한다. 미켈란젤로가 돌로 '다비드상'을 만들어 전 세계인들이 소중하게 생각하는 예술 작품을 만들었던 것처럼 의미 없이 버려질 법한 돌도 멋진 작품을 상상하는 석공을 만나면 훌륭한 예술품이 될 수 있다는 이야기이다.

아이들도 마찬가지다. 엄마가 아이를 바라보며 단점만을 생각하면 아이는 단점만 가진 문제아로 자라게 된다. 그러나 엄마가 장점을 바라보며 아이를 대하면 단점보다는 장점이 훨씬 많은 가능성이 큰 아이로 커가게 된다.

그런데 안타깝게도 내가 엄마들에게 아이들의 장점을 찾아서 구체적으로 칭찬을 많이 해줄 것을 주문하면 대다수 엄마가 이구동성으로 이렇게 말한다.

"칭찬할 게 있어야 칭찬을 하죠."

"장점이 별로 없는 것 같은데요."

"장점만 이야기한다고 단점이 고쳐지겠어요?"

이런 말을 하는 엄마는 깊이 생각해봐야 한다. 내 아이에게 정말 장점은 없고 단점뿐인 것인지, 아니면 장점을 찾아보려는 엄마 자신의 노력이 부족한 것은 아닌지…….

이 세상에 어떤 사람도 단점만 가지고 있는 사람은 없다. 하물며 강아지도 장점과 단점을 고루 지니고 있다. 엄마가 아이의 단점만 찾기 때문에 단점들만 보이는 것이다.

공부를 잘하지 못해도, 정리를 잘하지 못해도, 좀 말이 없고 사교성이 부족해도, 아이들은 자신만의 장점을 살려 멋지게 자신의 인생을 살아갈 수 있다. 학교 다닐 때 공부에 별 관심 없었던 아이가 사업에 자질을 보여 성공한 인생을 살기도 한다. 어릴 땐 사교성이 너무 없고 부족해서 걱정이었는데 살아가면서 스스로 열심히 노력한 덕분에 사교성이 좋아진 사람들도 얼마든지 있다.

나의 초등학교 시절, 동창 재식이는 반에서 가장 키가 작고 공부도 못했다. 게다가 콧물을 달고 살던 존재감 없는 아이였다. 하지만 지금의 재식이는 180센티미터가 넘는 키에 근육질인 데다가 돈도 잘 버는, 능력 있고 잘생긴 유부남이다. 초등학교 동창 모임에서 가끔 졸업앨범을 보면서 서로의 어린 시절을 찾아보는데 아무도 재식이를 찾아내지 못한다. 그만큼 많이 변한 것이다.

지금의 모습이 아이의 전체 모습은 결코 아니다. 지금 아이에게 보이는 단점을 고쳐주지 않으면 아이의 미래 모습이 좋지 않을 것 같고 바르게 클 수 없을 듯한 불안감이 들 수도 있다. 하지만 아이들은 자라면서 얼마든지 자신을 멋지게 변화시킬 수 있다. 엄마가 해야 할 일은 아이가 자신을 멋지게 변화시킬 계기를 만나기 전까지 아이들을 좌절하지 않게 자신감을 심어주는 것이다.

개는 원래 잘해,
나랑은 달라
– 다른 아이와 비교하기

"엄마는 영선이만 좋아해요. 영선이가 글짓기를 잘하는 게 부럽나 봐요. 저도 영선이처럼 잘했으면 좋겠나 봐요. 그렇게 영선이가 좋으면 영선이 엄마를 하지, 왜 우리 엄마를 하는지 모르겠어요."

초등학교 3학년인 미진이가 어느 날 상담실에 와서 꺼내놓은 하소연이다.

영선이는 같은 반 친구인데 글짓기를 워낙 잘해서 학교 대표로 글짓기 대회에 참여한 적이 있다. 학교 신문에 자주 글이 실려 담임 선생님도 영선이를 예뻐한다. 미진이와 영선이는 유치원 때부터 친구였는데 유치원 때는 잘 드러나지 않던 영선이의 재능이 초등학교에서는 두드러지게 되었다. 영선이의 재능이 두드러지자 은근히 미진 엄마는 영선이를 부러워했고, 미진이는 열등감에 시달리게 되었다.

나는 미진 엄마에게 영선이와 비교하는 이유를 물어보았다. 그러자 미진 엄마는 영선이 칭찬을 하면 미진이가 자극을 받아서 책도 더 열심히 읽고, 글도 더 잘 쓸 줄 알았다고 답했다. 그러나 미진이는 엄마의 바람과 달리 매사 자신감이 없고 자신은 잘하는 게 없다며 무기력해졌다.

하워드 가드너 박사의 '다중지능이론'이 있다. 지금은 이 이론을 모르는 엄마가 별로 없을 정도로 유명한 이론이다. 다중지능이론은 비교적 획일적인 IQ 테스트로 사람의 지능을 판별하기는 힘들다는 주장을 펼친다. 즉, 계산 능력이 떨어지더라도 운동 능력이 뛰어날 수 있고, 쓰기 능력이 떨어지더라도 대인관계 지능이 뛰어날 수 있기 때문에 각자의 타고난 재능을 발달시키는 교육을 해야 한다는 취지의 이론이다.

가드너가 나눈 여덟 가지 지능에는 음악적 지능, 언어적 지능, 논리·수학적 지능, 공간적 지능, 신체·운동학적 지능, 대인관계 지능, 개인이해 지능, 자연탐구 지능이 있다. 그는 지능을 여덟 가지로 나누었지만 머지않아 더 많은 지능의 분류가 세상에 나오지 않을까 조심스레 추측한다.

우리 가족을 예로 들어보자면, 아들은 공간적 지능이 매우 높은 편이다. 반면 나는 공간적 지능이 좀 낮은 편이다. 아들이 수학 교과서에 나오는 도형 돌리기 문제를 풀고 나에게 와서 맞는지 봐달라고 하면 나는 도통 답을 주지 못한다. 아무리 머리를 굴려도 어떻게 되는 건지 모르겠다. 심지어 답지를 펴놓아도 멍하니 내려다볼 뿐이다.

딸은 언어적 지능이 높은 편이다. 시도 잘 짓고 작사도 곧잘 한다. 그쪽에는 소질이 없는 아들이 보기에 동생은 다른 세상 사람일 뿐이다. 동생이 시를 지어서 발표하면 오빠가 도형 돌리기 문제를 가져와 "너 이거 풀 줄 알아?" 하고 묻는다. 자신의 강점을 잘 알고 있는 것이다. 도형 돌리기 문제를 꺼내놓으면 딸과 나는 멍하니 내려다보다가 꽁무니를 빼고 자리를 피해버린다.

만일 내가 아들이 딸처럼 글을 잘 쓰도록 자극하기 위해 동생과 수시로 비교했다면 어땠을까? 내가 원하는 대로 글쓰기 능력이 좋아졌을까? 오히려 그 반대였을 것이다. 아들은 주눅이 들어 무기력해지고 아예 자신이 도형 돌리기를 잘한다는 사실조차 잊었을지 모른다.

부모 욕심 때문에 아무리 아이를 누군가와 비교하며 자극하더라도 각자 가지고 태어난 성향과 재능이 단번에 향상되지는 않는다. 아이에게 없거나 부족한 능력을 꼬집으며 다른 아이와 비교하면 열등감만 생겨나 급기야 자신이 갖고 있는 강점마저 잃어버리고 만다.

한 지인이 딸에게 자전거를 가르친 이야기를 해주었다. 그동안 딸은 겁도 많은 데다가 워낙 기계치여서 자전거를 못 배우고 있었단다. 그런데 하루는 지인이 딸에게 자전거를 배우면 가족 모두가 함께 자전거 여행을 할 수도 있고, 저녁마다 개천으로 놀러갈 수도 있다며 설득해서 딸이 자전거 배우기에 도전했다는 것이다.

가족 모두 아파트 마당에 나와 딸의 자전거 배우기에 열중하고 있는데, 딸 또래의 아이가 자전거를 타면서 유유히 지나갔다. 그것을 본 남편이 딸에게 이렇게 말했다.

"우리 은경이는 이제 자전거 배우기 시작했는데 저 애는 벌써 자전거를 참 잘 타네."

그 말을 들은 딸이 금세 풀이 죽더니 자전거 배우기 싫다고 하더란
다. 남편의 말 때문에 모처럼 자전거를 배워보겠다고 결심한 딸이 또
자전거 배우기를 포기한 것에, 지인은 너무나 속상해했다. 그래서 나
는 그 지인에게 한 가지 묘책을 알려주었다. 묘책은 간단했다. 며칠이
지나서 다시 자전거 배우기를 시도할 때 이번에는 딸의 실력이 늘고
있는 모습에만 집중해서 칭찬해주라는 것이었다.

"어머, 은경아! 이제는 엄마가 안 잡아도 두 걸음은 간다. 많이 늘
었네. 조금만 더 하면 안 잡아도 되겠다."

"은경이 실력이 많이 좋아졌네. 이제 혼자서 출발할 줄도 알고!"

지인은 내가 일러준 대로 오로지 딸의 실력이 전보다 얼마나 향상
되고 있는지에만 초첨을 맞추어 칭찬했다. 그러자 그날은 자전거 타기
연습을 시작한 지 두 시간만에 지법 혼자 타더라는 것이다. 그동안 가
르쳐보려고 한참을 애썼던 자전거 타기를 간단한 칭찬만으로 두 시간
만에 가르친 것이다. 게다가 별로 힘들지도 않았다고 한다. 그저 딸의
실력이 전보다 얼마나 좋아졌는지 구체적으로 칭찬해주는 것만으로
딸에게 자신감을 심어주고 재미를 느끼게 함으로써 스스로 열심히 연
습하게 만든 것이다.

부모 대부분은 타인을 두고 '저 아이는', '요즘 애들은', '너네 반애
들은' 등을 말머리에 붙이며 비교한다. 도저히 따라갈 수도 없고, 따라
가는 것조차 의미가 없는 비교를 계속하면서 아이들의 자존감에 상처
를 입힌다. 이제 이런 의미 없는 비교를 그만둬야 한다. 그 대신 예전
보다 좋아진 실력을 칭찬해주자.

"전보다 글씨 쓰는 자세가 좋아졌구나."

"지난 시험보다 집중해서 푼 것 같아 보기 좋구나."

"작년에는 곱하기가 힘들었는데 이제는 제법 쉽게 해내는구나."

"한 살을 더 먹더니 공손하게 어른들에게 인사할 줄도 알고, 기특하구나."

아이는 엄마로부터 자신의 모습이 전보다 나아지고 있다는 말을 들으면 어떤 마음이 들까? 그동안 기울였던 노력에 대한 성과가 보여 더욱 열심히 하게 된다. 무엇보다 엄마로부터 칭찬을 들으면 더 좋은 모습을 보여주고자 노력하게 된다.

내 아이보다 실력이 좋은 아이와의 비교는 무의미하다. 아니, 아이에게 긍정적인 자극은커녕 자존심에 상처를 줄 뿐이다. 지혜로운 엄마는 아이의 나아지고 있는 모습에 초점을 맞춰서 격려하고 칭찬할 줄 안다.

예전에 들었던 재미있는 이야기가 생각난다. 대학생 아들과 텔레비전을 보고 있던 아버지가 대학생 나이 때 컴퓨터 회사를 차렸다는 빌 게이츠 이야기가 나오자 아들을 한심한 눈으로 바라보며 말했다.

"야, 빌 게이츠는 네 나이 때 컴퓨터 회사를 차렸다는데 너는 뭐냐? 만날 용돈이나 타가고, 좀 본받아봐라."

그러자 아들이 아버지를 보면서 이렇게 응수했다.

"예, 아버지. 아버지는 그러면 지금쯤은 반기문처럼 유엔 사무총장이 되어 있어야 할 연세 아닌가요?"

되로 주고 말로 받은 격이다. 내 아이는 빌 게이츠일 필요도, 워런 버핏일 필요도, 옆집 아이일 필요도 없다. 그저 바르고 건강하게 자라는 사랑스런 아이, 그것이면 되는 것이다. 부모가 이런 시각으로 아이를 바라볼 때, 아이는 내면에 잠들어 있는 잠재력을 조금씩 깨우기 시작할 것이다.

06

나만 잘못한 건 아니라구
– 엄마의 판단으로
상황 종료하기

"사내 녀석이 여자를 보살펴줘야지!"

"너는 왜 만날 이러니?"

"동생한테 무슨 짓이야?"

엄마가 이런 말을 하면 아이의 표정은 비슷비슷하다. 열에 아홉은 억울하고 분하다는 표정이다. 아직 할 말이 너무 많이 남아 있고, 엄마는 뭘 잘 모르고 그런다는 표정이다. 좀 과장하자면 왕에게 아첨하는 간신배의 중상모략으로 억울하게 혼쭐이 나고 있는 충신의 표정이랄까? 엄마의 꾸중이 합당하다고 생각하여 반성하는 얼굴은 거의 없다. 왜 그럴까?

과장이라고 표현했지만 아이들의 마음은 왕에게 사랑받는 간신배 때문에 혼나는 충신의 마음과 닮아 있을 것이다. 억울하고 분하고 간신배가 미울 것이다.

　형제를 키울 때 유독 형제간의 사이가 좋지 않은 가정이 있다. 이런 가정에서는 형제간의 갈등과 싸움이 있을 때 부모의 일방적인 종결이 습관처럼 자리 잡은 경우가 많다. 그래서 형제 중 한쪽은 늘 억울하고 분하고 다른 형제가 밉다는 생각을 떨쳐버릴 수가 없다. 그러니 틈만 나면 상대를 괴롭히고 못살게 군다. 실제로 상담해보면 형제 사이가 너무 좋지 않다는 아이들의 마음속에 다른 형제가 싫은 마음보다는 불공평한 평결로 억울함이 쌓이게 하는 부모에 대한 분노가 더 큰 경우가 대부분이다.

　얼마 전 마트에 갔다가 엄마에게 꾸중을 듣는 아이를 보았다. 옆에는 일곱 살쯤으로 보이는 남동생이 있는데 꾸중을 듣는 형을 바라보고 있었다. 엄마는 형이 동생을 때리는 것을 보고 형을 혼내고 있었다. 엄마의 꾸중을 듣고 있던 형이 항변하려 하자 엄마는 이렇게 말했다.

　"잘못했으면 잘못했다고 하면 될 것이지, 너는 어떻게 만날 거짓말 아니면 변명이야?"

　옆에서 지켜보는 내가 다 울화가 치밀었다. 나는 처음부터 그들을 지켜보았기 때문에 형의 마음에 십분 공감할 수 있었다. 사건의 발단은 동생의 장난에서 시작되었다. 형은 서적 코너 구석에서 책을 고르고 있었다. 그런데 동생이 심심해졌는지 형에게 태클을 걸기 시작했다. 형이 보는 책 위에다 계속 다른 책들을 올려놓은 것이다.

　계속되는 동생의 행동에 열이 달아오른 형이 겁을 주는 행동을 하니 냅다 도망을 갔다가 형이 안 보는 틈을 타서 형을 때리고 도망을 가는 것이었다. 이런 행동도 두세 번 반복하니 형이 동생을 잡아서 한 대 때린 것이다. 동생은 지원군을 부를 심산이었는지 소리 내어 울기 시작했다. 다른 코너에 있던 엄마가 동생의 울음소리를 듣고 달려와 보니 동생을 보살펴야 할 형이 동생을 때린 상황이었다. 엄마가 보기에 잘못은 전적으로 형에게 있었다.

아이들 근처에서 책을 보던 나는 이 상황을 지켜보며 씁쓸한 예감이 들었다. 얼마 지나지 않아 형의 손을 잡고 상담실 문을 열고 들어올 엄마의 모습이 보이는 듯했다. 물론 그렇게 곪기 전에 좋은 모습으로 개선된다면야 정말 좋은 일이겠지만 말이다.

당신이 형의 입장이라면 어떤 생각이 들었을까? 좀 더 참지 못한 자신을 자책하겠는가? 대부분은 그렇지 않을 것이다. 억울하고, 분하고, 엄마가 자신은 사랑하지 않고 동생만 사랑한다고 여길 것이다.

우리나라 사람들은 참 영리하고 명석하다. 판단력도 빠르다. 이런 빠른 판단력에 급한 성미가 가미되면 앞서 본 마트에서의 엄마 같은 실수를 자주 저지르게 마련이다. 그 엄마는 상황을 접한 순간 지난 경험으로 동생을 자주 때리는 형의 모습을 떠올렸을 것이고, 동생을 때리는 버릇을 이번에는 고쳐야겠다고 판단했을 것이다. 그러나 이런 식의 상황 종결로 이익을 얻은 것은 동생뿐이다. 자신이 울면 형이 혼난다는 것을 다시금 알게 되었고, 엄마를 아군으로 둠으로써 형에게 심리적 위협을 줄 수 있음을 확신하게 된 것이다.

이런 학습은 가족 모두에게 좋지 않다. 형제간의 사이는 점점 나빠질 수밖에 없다.

그렇다면 이런 경우 엄마는 어떻게 해야 할까? 모두의 이야기를 천천히 다 들어주어야 한다. 동생이 먼저 항변을 시작했다면 형에게 동생의 이야기를 모두 듣고 형의 이야기도 들을 것임을 이야기해주어야 한다.

　동생의 항변이 다 끝나고 형의 항변을 들을 때도 중간에 동생이 끼어들려고 하면 형의 이야기가 끝나면 이야기하라고 제지해야 한다. 이렇게 모두의 이야기를 다 듣고 엄마가 전체를 정리해서 이야기를 하고 아이들에게 엄마가 제대로 이해했는지 다시 물어봐야 한다. 혹시라도 엄마가 오해하고 있거나 빠뜨린 것은 없는지 아이들에게 확인해야 하는 것이다. 그 후에는 시간의 발단 순서로 잘못된 행동을 짚어주고 수긍을 얻어내야 한다. 이렇게 먼저 잘못한 것부터 순차적으로 서로 사과하기 시작해 맨 마지막의 잘못까지 도두 서로 사과하고 이해하도록 해야 한다.

　이렇게 하면 형제 중 더 편애를 받은 사람도 감정의 앙금을 가진 사람도 없게 된다. 이런 과정을 겪으며 아이들은 모든 일에 한 사람만의 잘못은 거의 없고, 대화를 통하면 어떤 갈등이라도 해결할 수 있다는 것을 배우게 된다. 엄마가 다른 형제를 더 좋아하는 것에 특별히 스트레스를 받지도 않고 다른 형제에게 미움의 감정을 남기지도 않는다.

　이렇게 처리해야 한다고 이야기하면, 많은 엄마가 번거롭고 거추장스럽다며 실천하려 들지 않는다. 그러나 그때그때마다 엄마가 잠깐의 시간을 들여 노력하면 혹시 있을 아이들 간의 오해와 상처를 방지할 수 있다. 그것이 귀찮다고 아이들이 갈등을 겪을 때마다 엄마만의 판단으로 빠르게 정리하고 넘어가면 아이들 마음에 앙금이 쌓인다. 결국 나중에는 치유에 더 많은 시간과 노력을 들여야 한다.

　엄마들은 보통 자신이 항상 봐오던 상황이므로 모든 것을 훤히 알고 있으며 아이들의 마음까지도 다 알고 있다는 듯이 쉽게 단정한다.

그러나 어떤가? 마트의 엄마처럼 사건의 일부만 보고도 마음속에 확정해버리고 판결을 내리는 실수를 얼마나 많이 하는지 모르겠다.

고등학생 남자아이가 상담실을 찾아왔다. 아이는 친구들과의 관계가 좋지 못한 것 때문에 방문하여 여러 명의 아이와 집단 상담을 받았다. 그런데 이 아이의 문제점은 다른 아이들의 말을 전혀 믿지 않는 데 있었다.

어떤 친구가 배가 아파서 좀 일찍 가야 한다고 하면 그 친구에게 "너 땡땡이치려고 배 아프다고 하는 거잖아"라고 한다. 학교에서 있었던 어떤 일을 이야기하면 그에게 "너 그거 지어낸 거지?"라고 한다. 나중에 아이의 엄마를 만나고 나서 그 이유를 알게 되었다.

그 엄마는 아이에게 매사 그렇게 대했다. 아이가 어떤 행동을 하면

서 이유를 설명해도 엄마는 아이의 말을 믿어주지 않았다. 분명 다른 의도가 있을 것이고, 아이의 마음을 아이보다 자신이 더 잘 알고 있다고 말하는 것이었다. 아이는 엄마의 이런 모습이 너무 싫으면서도 저절로 습득해버렸고, 자신도 친구들에게 똑같이 행동하고 있었다.

어떤 상황도 자신이 다 보았다며 섣불리 판단하는 것은 옳지 않다. 보는 사람의 입장과 시각에 따라 같은 상황이 다르게 보이기도 한다. 또 다 보았다고 생각되나 미처 못 보고 지나치는 것들이 분명히 있을 수 있다.

『일곱 마리 눈먼 생쥐가 만난 동물은?』이라는 동화가 있다. 일곱 마리의 생쥐가 서로 동물의 어떤 부분을 만져보고는 기둥이라는 둥, 밧줄이라는 둥, 부채라는 둥, 뿔이라는 둥, 다양하게 말한다. 그러나 그 동물은 기둥도 밧줄도 부채도 뿔도 아닌 코끼리였다.

엄마들도 아이들과의 상황에서 눈먼 생쥐 같은 판단을 수시로 하지는 않는지 반성해보아야 한다. 엄마가 훤히 알고 있는 상황이라고 판단될 때마다 차근차근 당사자인 아이들에게 상황을 묻고 확인하는 습관을 들여야 한다. 그래야 억측이 불러으는 억울함을 방지할 수 있다.

그렇다면 엄마들은 왜 그리 성급히 아이들 간의 갈등을 정리하고 종결하려고 하는 것일까? 아이들이 서로 싸우면 엄마는 몹시 당황하고 난처해진다. 그러면서 보통 그 상황을 빨리 종료하고 평화롭게 만들고자 마음이 급해진다. 그래서 빠른 종결을 위해 엄마의 판단으로 상황을 종료하는 행동을 쉽게 해버린다. 엄마들은 아이들 간에 갈등과 싸움이 생기면 그것을 문제가 발생한 것으로 인식한다. 문제가 생기면 평화롭고 행복한 가정의 모습이 깨진다고 생각하고 발생한 문제를 빨리 해결해야만 평화롭고 행복한 가정을 유지할 수 있다고 생각한다.

아이가 성장하면서 서로 싸우고 화해하고 갈등을 겪고 이해하는 과정을 피할 순 없다. 이런 과정은 아마도 인간이 살아가는 동안 끊임없이 반복하는 과정일 것이다. 그래서 아이가 어떤 잘못을 하거나 갈등을 겪을 때 그것을 바라보는 부모의 관점이 매우 중요하다.

엄마들이 기억해야 할 것은 우리의 아이들 또한 갈등이나 싸움이 전혀 없는 인생을 살아가기란 극히 어렵다는 사실이다. 또 아이들이 이런 과정에서 더 많은 것을 배우게 된다는 것도 알아야 한다. 갈등이나 싸움을 문제의 발생으로 보는 게 아니라 아이들이 좋은 교훈을 배울 기회로 여길 수 있어야 한다.

재욱이 엄마는 여섯 살 재욱이 때문에 많이 답답하다는 말을 꺼내놓았다. 같은 아파트에 사는 현철이와 재욱이가 자주 갈등을 빚기 때문이었다. 평소 착하고 조용한 재욱이는 자기주장이 강한 편이 못 되는데, 반면 현철이는 뭐든 자기 맘대로 하는 고집불통이었다.

재욱이가 외할머니가 사준 멋진 장난감 오토바이를 가지고 마당에 나갈라치면 현철이는 한 번만 만져보자고 한다. 그렇게 빼앗다시피 한 장난감을 재욱이에게 돌려주지 않고 혼자서만 가지고 논다. 재욱이는 별다른 말도 못하고 재욱이 꽁무니만 쫓아다니며 울먹울먹할 뿐이다. 재욱이 엄마는 재욱이가 속상해하는 것이 안쓰럽기도 하고 답답하기도 했다.

그런데 재욱이는 현철이와의 관계에서 매우 중요한 것을 배우고 있는 것이다. 이 세상에는 자신과 같은 성향의 사람만 있는 것이 아니라는 것, 내 것을 다른 사람이 뺏을 수도 있다는 것, 내 것은 내가 지켜야 한다는 것 등을 배우는 것이다.

이 과정에서 재욱이는 매우 속상한 경험을 할 것이다. 자기 것을 타인에게 뺏기는 것은 속상한 일이라는 것을 배우면서 어떻게 하면 자기 것을 빼앗기지 않고 지킬 수 있는지 궁리할 것이다. 재욱이는 이런 궁리 끝에 다양한 방법을 시도해볼 것이다. 그렇게 하면서 어떤 시도가 어떤 결과를 가져오는지도 알게 될 것이다.

이렇게 배운 것은 하나둘 쌓여서 아이들의 삶의 폭을 넓혀주게 된다. 그렇게 여러 경험이 쌓여가면서 다양한 성향의 사람 대처 능력을 기르게 되고 난처한 상황에서도 자신의 입장을 항변하는 기술을 익히게 되는 것이다.

아이들이 싸울 때 그것을 문제가 발생한 것으로 인식하여 그 해결에만 집중하면 아이들의 이야기를 듣는 것에 집중하기 어렵다. 아이들의 이야기를 듣기보다는 빨리 해결하고 평화를 찾고 싶어 하기 때문이다. 갈등이나 싸움이 없어야 행복하다는 고정관념을 가지고 있기 때문이다.

그러나 피하고 싶은 갈등과 싸움을 잘 해결해야 진정한 행복을 얻을 수 있다. 아이들이 갈등하고 싸움을 일으켰을 때 엄마는 원하는 것을 얻기 위해 어떤 선택을 할지 함께 궁리하고 실천해볼 수 있게 도와주어야 한다. 그렇게 할 때 아이들은 스스로 성장하고 삶의 폭을 넓혀갈 수 있다.

07

만날
다음에 사준대
– 아이와 한 약속 어기기

"성민아, 다음에 사자. 다음에 꼭 사줄게."

"너 한 번만 더 이렇게 하면 다음엔 절대 안 데리고 온다."

부모들은 이런 방식의 이야기를 자주 사용한다. 앞의 경우는 당장 뭔가를 요구하며 다음 행동을 하지 않으려 하는 아이의 입을 막기 위해서, 두 번째 경우는 아이의 잘못된 행동을 빨리 고쳐보고자 위협할 때 사용한다.

아이들과 상담을 하다 보면 많은 아이가 부모에 대한 불신감을 드러낸다.

"엄마는 만날 거짓말만 해요."

"아빠는 약속만 하고 지키지를 않아요."

이런 이야기를 듣고 나서 아이의 부모를 만나면 특별히 도덕적인 문제점이 없는 경우가 대부분이다. 부모님이 특별한 도덕적 결함을 가지고 있지 않은데도 아이들은 부모를 믿지 못할 사람, 거짓말하는 사람으로 평가하는 것이다.

왜 이런 현상이 일어날까? 그것은 부모의 사소한 습관들에서 비롯된다. 아이의 돌발적인 행동들을 빨리 해결하려는 급한 마음이 불러일으킨 해결 방법 때문인 경우가 대부분이다.

특히 아이가 어려 말이 잘 통하지 않는다 싶을 때 이런 방식이 자주 사용된다. 아이의 준비물을 사러 아이와 함께 마트에 갔는데, 정작 준비물에는 관심이 없고 옆에 진열된 장난감을 사달라고 졸라댄다.

이런 상황에서 엄마들은 여러 방법을 사용한다. 준비물 사러 온 것을 상기시키기도 하고, 혼내거나 으박을 지른다. 이 중 가장 흔하고 평범하게 사용하는 방법이 바로 첫 번째나 두 번째 방법일 것이다.

"다음에 사러 오자. 다음에 사줄게."

"너 이런 식으로 하면 다음엔 같이 안 와."

첫 번째 방법은 회유요, 두 번째 방법은 위협이다. 회유하고 위협하는 방식은 다양한 상황에서 빈번하게 사용된다. 회사에서 퇴근을 하고 집에 들어와 보니 아이들이 숙제는 하지 않고 텔레비전만 보고 있으면 엄마는 이렇게 말한다.

"빨리 숙제 끝낸 사람한테는 엄마가 컴퓨터 게임을 하게 해줄게. 빨리 숙제하자."

"너희들 또 이러면 정말 텔레비전 버려버린다."

여기서 문제는 엄마가 약속한 대로 시행하느냐이다. 다음에 사자고 별 의미 없이 상황을 모면하기 위해 남발한 엄마의 약속을 아이는 손꼽아 기다린다. 숙제의 내용과 범위를 정확히 정하지도 않고, 또 컴퓨터 게임을 얼마나 할지 명확히 하지 않고, 아이를 빨리 숙제하도록 만들겠다는 일념으로 남발한 부모의 약속은 차후 서로의 의견 차이를 좁히지 못해 거짓말로 둔갑해버린다.

아이에게 어떤 행동을 요구하기 위해서 깊이 생각하지 않은 채 상황 모면용으로 약속을 남발하면 엄마 자신이 스스로를 거짓말쟁이라고 광고하는 것과 같다. 아이들은 엄마가 하는 사소한 행동들도 잘 관찰하고 기억하기 때문이다. 자신이 믿고 의지하는 가장 큰 존재인 엄마가 어떤 약속을 했다면 그것을 절대 그냥 해본 말로 생각하지 않는다. 좀 커서 상황 판단을 하는 초등학교 고학년에 접어들기 전까지는 부모의 말은 법이자 정의이다.

초등학교 고학년에 접어들어서도 아이들은 부모의 말은 늘 우선적으로 믿는다. 이런 아이들에게 지키지도 못할 약속을 남발하는 것은 아이들 마음속에 배신감을 심어놓는 것과 다름이 없다.

같은 맥락으로, 당장의 행동을 개선시키기 위해 남발하는 위협적인 말도 마찬가지다. "한 번만 더 이러면", "당장 치우지 않으면", "절대", "이 시간 이후로" 등의 말들을 써가며 강력한 마음을 전하고자 하지만, 이런 말들은 쉽게 지켜지지 않는다.

사람은 습관의 동물이라 항상 해오던 행동을 이 시간 이후로 '절대' 하지 않기란 매우 어렵다. 지금껏 게으름 피우던 아이가 당장 뭔가를 하거나 지금까지 해오던 행동을 '한 번'도 안 하고 참기란 매우 실현 가능성이 부족하다.

아이들은 습관대로 살아갈 것이고 다음에도 무심히 하던 행동을 하게 될 것이다. 그런 상황이 벌어지면 엄마는 강력한 방법으로 제압

해야 할 것이다. 다음에 아이가 또 그런 행동을 하면 엄마는 전보다 더욱 강력한 방법으로 제압하고 그것이 점차 진화되면 가정 폭력이 되는 것이다.

강력히 제압하는 방식은 사용하면 할수록 더욱 강한 강도를 쓰게 만든다. 나중엔 서로 앙숙이 되어 처음 골이 지게 된 행동이 무엇인지 기억나지 않을 정도로 관계가 악화된다. 혹여 엄마가 강력한 방법 쓰기를 포기라도 하면 엄마의 강력한 협박이 아이들에게는 공허하게 들리고 나아가 아이들이 엄마의 말을 우습게 여기고 무시하는 상황이 닥친다.

그렇다면 고민이다. 어떻게 해야 할까? 상황을 모면하기 위해 약속을 남발하는 것도 엄마를 거짓말쟁이로 여기게 만들고, 강력한 방식의 협박을 실행하면 폭력이 되고, 실행하지 않으면 엄마의 말이 우스워질 것이다.

엄마들이 기억해야 하는 두 가지 규칙이 있다.

첫째, 상황을 모면하기 위한 약속은 하지 말라.

처음부터 다음에 뭔가를 해줄 생각이 없었다면, 약속을 하지 말고 차분히 오늘 해야 할 것들에 대해서만 이야기해야 한다. 몇 차례 아이에게 차분히 이야기했는데도 아이가 받아들이지 못한다면 상황에 따라서 아이에게 몇 가지의 선택권을 준다거나 혹은 무시하는 방법을 사용해야 한다.

어떻게 선택권을 줄지는 상황마다 다를 수 있다. 엄마가 현명하게 판단하여 아이가 선택할 수 있도록 도와주고 기다려주어야 한다. 그런 선택도 아이가 할 상황이 아니라면 아이의 요구를 무심히 무시하며 아이가 차분해질 때까지 기다려야 한다. 그리고 다시 엄마의 이야기를 해야 할 것이다.

둘째, 너무 확정적인 말투는 쓰지 말라.

"한 번만 더 이러면", "당장 치우지 않으면", "절대", "이 시간 이후로" 등의 말들이다. 확실히 행동을 규제하고 한 치의 용납도 하지 않겠다는 태도를 취하면 아이가 잘 지킬 것 같지만 오히려 그렇지 않다.

이런 말들을 쓰는 것 자체가 스스로 함정에 빠지는 일이 된다. 엄마 자신이 말한 대로 강력히 지켜나가면 폭력 엄마가 되고 아이들은 점점 자신감이나 자존감이 낮은 아이가 될 것이다. 또 엄마가 말한 대로 지키지 않으면 엄마는 종이호랑이가 될 것이다. 그래서 이런 말투는 스스로 사용하지 않으려고 애써야 한다.

그 대신 함께 약속을 정하고 함께 벌도 정하면서 작은 일도 협의하고 타협하는 방법을 사용해야 한다. 늦더라도 제대로 된 길을 가야 원하던 곳에 도착한다. 늦어 보이고 권위가 없어 보여도 그런 방법만이 관계를 해치지 않고 태도를 개선시킬 현명한 해결책임을 기억해야 한다.

08

열심히 하면 뭐해,
성적 안 나오면 꽝인데
– 결과에만 집착해 야단치기

"지금 시작해봤자, 어차피 100점 못 맞아요."

얼마 전 집으로 가는 길에 초등학교 3학년인 지운이를 만났다. 지운이에게 시험공부는 잘되고 있는지 등을 물으니 얼마 전에 가족여행을 다녀와서 며칠 동안 공부를 못했기 때문에 어차피 100점을 못 맞을 거라며, 뭐하러 공부를 하겠냐고 말한다.

나는 순간 화들짝 놀랐다. 그런데 안타깝게도 이런 생각을 가진 아이들이 굉장히 많다. 그 아이들의 입에서는 "이렇게 해봤자……", "뭐하러……" 등의 말이 빈번히 튀어나온다. 아이들의 이런 태도는 꼭 공부와 성적에만 국한되어 있지 않다. 생활 전반에서 이런 태도가 엿보인다.

"어차피 사람들이 또 어지를 건데, 뭐하러 청소해요?"

"나 혼자 열심히 한다고 누가 알아주는 것도 아닌데, 뭐하러 열심히 해요?"

"아무리 좋은 걸 가르쳐도 대학 못 보내면 잘 가르친 거 아니지 않아요?"

자라나는 아이들에게 이런 말들을 들으면 마음이 답답하다. 젊음은 무엇에든 도전하고 열정적으로 생각하고 진취적으로 개척하려는 자세를 가지고 있어야 한다는 나의 고정관념 때문에 더 답답함이 큰지도 모르겠다. 아직 인생의 20~30퍼센트도 살지 않은 어린 학생이 인생의 쓴맛 단맛을 다 본 기성세대의 생각을 그대로 가지고 있으니, 안타깝기까지 하다.

아이들이 이런 사고방식을 가지게 된 데에는 결과에만 집착한 어른들의 잘못이 상당히 크다. 아이들이 열심히 노력해도 그 노력을 칭찬해주는 부모는 많지 않다. 아이들이 노력하는 동안은 별 관심이 없다가 막상 시험지를 가지고 오면 점수를 따져 잘했느니 못했느니 한다.

꼭 성적에서만 그런 것은 아니다. 지난번 상담에서 만난 초등학교 3학년 수련이는 밑으로 여동생, 남동생을 둔 맏이였는데, 동생과 트러블이 많아 사춘기가 시작된 것 같다며 상담실에 온 사례였다.

엄마의 말로는 아이가 말도 못 붙이게 까칠하고 원래 공부도 잘하던 아이였는데, 요즘은 공부도 시큰둥하다고 했다. 그리고 동생에게 자주 화풀이를 한다고 했다.

상담 시간에 수련이가 이런 말을 했다.

"엄마는 제가 동생들에게 잘해줄 때는 칭찬도 해주지 않다가 꼭 싸우거나 하면 혼을 내세요. 어차피 혼나는데 동생들에게 잘해줄 필요가 없는 거 같아요. 공부도 그래요. 열심히 해도 점수가 잘 안 나올 때가 있는데, 그럴 때는 반 애들도 다 점수가 낮은데, 그때도 저는 혼나요. 이래도 혼나고 저래도 혼나는데 뭐하러 열심히 하나, 하는 생각이 들어요.”

수련이의 이야기를 들으며 나 자신도 반성을 많이 했다. 우리는 대개 아이가 동생들과 잘 지내거나 방을 잘 정리해놓거나 열심히 노력할 때는 그냥 무심히 지나친다. 그래놓고는 아이가 문제를 일으키고, 성적이 떨어지고, 방이 지저분하면 지적을 시작한다. 입장을 바꿔서 아이의 상황이 되어보니 수련이의 마음이 절실히 이해되었다.

엄마들이 집안 살림을 할 때도 그렇지 않은가. 열심히 정리하고 청소할 때는 아무 말도 하지 않던 남편이 어느 날 지저분한 거실을 보며 하루 종일 집에서 청소도 하지 않고 뭐하냐고 하면 살림에 대한 의욕도 다 떨어지고 미운 마음만 들지 않던가.

아이들의 공부도 그렇다. 항상 똑같은 페이스로 공부를 열심히 할 수는 없다. 공부를 조금만 해도 성적이 잘 나올 때도 있고, 열심히 했는데도 성적이 잘 나오지 않는 때도 분명 있다. 엄마들이 어떤 때는 집안일이 일사천리로 잘되는데 어떤 때는 일이 꼬여 진척이 안 되는 날도 있는 것처럼 아이들도 그런 것이다.

공부는 물론 꾸준히 습관처럼 하는 것이 중요하다. 그렇게 습관이 잘 든 아이들도 간혹 정말 공부가 안 되는 때도 있다는 것을 이해해야 한다. 같은 과목도 머리에 쏙쏙 잘 들어와 이해가 잘되는 단원이 있고, 아무리 파고들어도 머릿속에 들어가지 않는 단원이 있다. 그러면 결과는 달라지게 마련이다. 공부가 잘되는 단원을 만나면 조금만 공부를 해도 성적이 좋을 수 있고, 공부가 잘되지 않을 때는 아무리 노력해도 성적이 좋지 않을 수 있는 것이다.

아이에게 좋은 공부 습관을 들이거나 좋은 생활 습관을 들이고 싶다면 아이에게 과정을 칭찬하는 것이 매우 중요하다. 그리고 아이가 아직 습관이 되어 있지 않아 중간중간 흔들리더라도 다시 격려해주고 목표를 상기시켜주는 것이 중요하다.

열심히 공부한 것 같지 않았는데 좋은 점수를 받은 것보다 점수는 좋지 않더라도 열심히 했을 때 많은 칭찬을 해주는 것이 매우 중요하다. 칭찬을 할 때도 엄마가 어떻게 말하느냐에 따라 아이들은 매우 다른 시각을 갖게 된다.

아이가 공부를 열심히 하는 모습을 보면서 이렇게 칭찬하는 엄마들이 있다.

"우리 재석이 열심히 공부하고 있구나. 너는 머리가 좋으니까 꼭 좋은 성적 나올 거야."

성적이 나오기 전에 하는 이런 칭찬은 결과에 대한 칭찬인 것이다. 머리가 좋으니 좋은 성적이 나올 거라는 칭찬은 좋지 못한 성적을 거두면 머리가 나쁜 것으로 인식될 수 있다는 부담을 준다. 또 실제로 성적이 좋지 않을 때 아이는 자존감이 낮아질 수 있다. 결국 좋은 성적을 거두는 것이 좋은 것이라는 의식을 심어주는, 결과에 대한 칭찬인 것이다.

너무 피상적인 칭찬을 해도 아이들은 부담스러워한다. 얼마 전 만난 승훈이는 자존감이 매우 낮았는데 엄마가 늘 이런 칭찬을 해주었단다.

"넌 복이 많은 아이야."

"넌 머리가 좋아. 최고가 될 수 있어."

"넌 판단력이 뛰어나고 인내심이 강해. 관찰력도 있고 창의력도 있어."

엄마는 아이가 이런 아이가 되었으면 하고 칭찬을 했으나 아이는 이런 칭찬을 들을 때마다 현실에서 그렇지 못한 모습의 자신을 알기에 더 자존감이 낮아지는 결과를 가져왔다. 이런 칭찬 대신 다음과 같이 칭찬해야 한다.

"네가 열심히 공부하고 집중하는 모습을 보니, 엄마는 마음이 뿌듯해."

"열심히 최선을 다하려고 노력하는 것이 느껴져."

"전보다 집중하는 시간이 길어진 것 같아. 자꾸 노력하니까 집중하는 근육이 커진 것 같다."

"집중이 잘 안 되는데도 열심히 하려는 마음을 가지고 있구나. 그런 모습이 좋아 보인다."

현재 보이는 아이의 모습을 그대로 담백하게 표현하고 그것을 보며 엄마의 감정을 이야기해주는 것은 좋은 칭찬이 된다. 이런 모든 칭찬은 아이가 노력하는 모습을 보이는 것을 포착하려는 엄마의 노력이 선행되어야 가능하다.

지금 당장의 좋은 결과보다는 노력하는 자세를 만들어가고 해보려는 마음을 가지는 것이 아이의 인생에서 진짜 소중한 보물이 될 것이다. 그런 자세를 아이에게 선물로 주고 싶다면 아이가 좋은 자세를 만드는 과정에 집중하고, 과정을 칭찬하는 태도를 가져야 한다.

죽을 것 같았고,
너무 무서웠어요
– 아이 감정 무시하기

"이제 물에 들어가지 않기로 결정했어요."

나는 초등학교 1학년인 영찬이의 말에 궁금증이 생겼다. 영찬이는 '자신의 내면의 모습 그리기'에 파랑으로 색을 가득 칠해놓았다. 자신이 바다와 물을 가장 좋아하기 때문에 마음속의 자신은 파랑색인 것 같다고 이야기하면서 덧붙인다.

나는 영찬이에게 언제부터 그런 결정을 했으며, 어떤 일이 있었는지 물어보았다. 영찬이는 유치원에서 수영장에 아이들과 놀러간 적이 있는데 개구쟁이 친구가 물속에서 자신의 발을 잡아당겼고 그때 물에 빠지는 경험을 했다고 말했다. 그때의 느낌을 물어보았다.

"죽을 것 같았고, 너무 무서웠어요. 십 분도 넘게 숨을 못 쉬었던 것 같아요."

물론 과장이겠지만 영찬이어게 그 순간은 그렇게 길고 고통스러웠던 것이다. 그때부터 얕은 물에는 들어가지만 조금 깊다 싶은 물에는 아예 들어가지 않기로 결정했다고 한다.

영찬 엄마에게 이런 일이 있었던 걸 아는지 물었다. 그러자 영찬 엄마는 어릴 때 유치원에서 그런 일이 있었지만 그렇게 큰일은 아니었다고 말했다. 그러면서 이렇게 오랫동안 기억하고 있고, 더구나 물을 무서워하고 있는지 몰랐다고 답했다.

그 일이 있기 전까지 영찬이는 물을 좋아하는 아이였다. 그런데 친구와의 좋지 않은 기억 때문에 물에 들어갈 수 없게 된 것이다. 이것은 영찬이에게는 매우 중요하고 심각한 문제일 수 있다.

한번은 엄마들에게 '부모와 자녀의 관계'에 관한 강의를 하는데, 도중에 한 엄마가 왈칵 눈물을 쏟았다. 참고로 그 강의는 일방적으로 듣는 형식이 아니라 소수가 서로 자신의 이야기를 나누는 집단치료의 개념을 포함하고 있었다.

이 엄마는 자신에게는 딸아이가 있는데 예쁘지도 않고 오히려 엄마인 자신이 딸을 질투하고 있다고 토로했다. 이야기를 들어보니 이 엄마가 어릴 때 낮잠을 자고 있었는데, 잠깐 깼을 때 자신의 엄마가 다른 아주머니에게 하는 이야기를 듣게 되었다고 한다. 엄마는 아주머니에게 본인을 가리키며 이렇게 말했다.

"저 애만 없었어도 내가 이러고 살진 않는데 저 애 때문에 내가 내 인생도 못 살아보고 요 모양 요 꼴이에요."

그 후로는 엄마가 자신을 위해서 열심히 살아가고 노력하지만 진심으로 느껴지지 않았고 모두 가식이라고 생각되었다고 한다. 진짜 속마음은 자신을 미워하면서 겉으로만 사랑하는 척하는 것 같았다고 했다.

그러던 친정엄마가 할머니가 되어 손녀를 돌봐주셨는데 정말 예뻐하시더란다. 딸이 행복한 가정에서 사랑받으며 당당하게 크는 모습에 그녀는 왠지 질투심이 생겼다고 한다. 자신은 엄마에게 사랑도 못 받고, 당당하고 행복하게 자라지 못했는데 딸은 모든 것을 가진 것처럼 보이니 상대적 박탈감이 컸단다. 게다가 그런 감정을 가진 자신의 모습에 죄책감을 느꼈다.

어릴 때 들었던 몇 마디의 말이 전 인생을 비뚤어지게 하고 자녀와의 관계도 왜곡되게 만들 수 있다는 것을 보여주는 사례였다. 다른 사람들은 '뭐 그깟 일을 그렇게 마음 깊이 간직할까? 대수롭지 않은 일인데 쿨하게 넘겨버리지'라고 생각할 수 있을지 모른다. 그러나 당사자에게는 평생을 뒤틀리게 만드는 비수 같은 말이었던 것이다.

누구에게나 이런 것이 있다. 타인은 이해하지 못하는 본인만 느끼는 아픔, 두려움, 상처, 공포 등이 있다. 이것을 극복하는 것은 그 감정의 당사자만이 할 수 있다. 아이가 이런 것을 느낀다면 아이가 극복해야 하고, 부모가 그렇다면 스스로 극복하려고 노력해야 한다. 아이가 이런 상처를 가지고 있을 때, 대부분의 부모는 이해할 수 없다는 표정을 지으며 "이렇게 해봐. 저렇게 해. 이런 행동은 하지 말라니까"와 같은 지시로 일을 해결하려고 한다. 그러나 엄마의 이런저런 지시에 상관없이 아이 자신이 그것을 받아들여 스스로 극복하려는 의지가 없으면 그 두려움이나 공포 등에서 빠져나오기란 쉽지 않다.

도훈이 엄마도 도훈이를 보면 답답하고 속상할 때가 많다. 도훈이는 기질적으로 내성적이고 수줍음이 많다. 그러나 도훈이 엄마는 활달하고 사교적인 성품이다. 도훈이가 어릴 때 너무 낯을 가려서 그런 모습을 고쳐주고자 더 열심히 아이를 데리고 낯선 사람들을 만나러 다녔다고 한다. 아이가 초등학교 4학년쯤 되자 이제는 부모의 강요가 통하지 않게 되었다.

도훈이는 처음 가보는 식당도 가기 싫어하고, 낯선 사람을 만나는 자리도 가기 싫다고 한다. 심지어 어떤 것을 배울 때도 해보지 않았다는 이유로 거부한다. 이런 도훈이를 보면서 도훈 엄마는 너무 답답하고 힘들다고 하소연했다.

한편 도훈이의 입장은 어떠했을까? 낯선 상황과 낯선 사람이 너무 두려웠던 도훈이에게 엄마와의 잦은 외출은 그 자체만으로도 공포였을 것이다. 당황스럽고 두렵고 어렵고 힘든 상황들이었을 것이다. 어릴 때는 힘이 없어 엄마의 강요에 저항할 수 없었으나 자신에게 저항할 힘이 생김과 동시에 가장 먼저 해결해야 했던 과제가 공포 상황을 피하는 것이었으리라.

이런 경우 부모가 도훈이에게 도움을 주어야 한다. 그러나 그 방법이 강압적인 지시여선 안 된다. 그런 식은 오히려 역효과만 초래한다. 도훈이를 돕기 위해서는 우선 도훈이를 이해하고 도훈이의 특성을 마음으로 받아들여야 한다. 처음 가는 곳이 두렵다고 하면 그 마음을 먼저 이해해줘야 한다. 충분히 이해해주면서 조금씩 마음의 문을 열도록 손을 잡아주어야 한다.

꼭 가야 하는 모임이라면 어떤 사람들이 나올지, 어떤 것을 먹을지, 어떤 장소일지 등의 정보를 미리 알려주고 꼭 가야 하는 이유도 충분히 설명해주어야 한다. 이와 더불어 도훈이의 두려움을 극복하기 위한 방안을 함께 짜내야 한다. 미리 그 장소에 한번 가보거나 사람들에

게 인사를 시키고는 구석에서 책이나 장난감을 가지고 놀 수 있도록
할지, 식사만 빠르게 하고 먼저 돌아오는 방안으로 할지, 아니면 이번
에는 가지 않는 방안으로 할지, 서로 상의해서 정해야 한다. 그래야 도
훈이도 자기만의 방식으로 조금씩 세상과 소통할 수 있게 된다.

비록 더디겠지만 이처럼 아이의 입장을 고려한 방법이 아이를 달
라지게 한다.

천천히 하나씩 설명하기

이 방법은 유아나 초등학교 저학년에게 매우 유용한데, 경우에 따라 고학년일지라도 처음 해보는 일을 가르칠 때 유용하다.

방법은 매우 간단하다. 한 가지 일을 매우 잘게 쪼개서 구체적으로 설명하는 것이다.

예를 들면, 기존에 "방 정리해"라고 했다면 이것을 매우 잘게 쪼개서 지시하는 것이다.

"우선 세탁기에 넣어야 할 빨랫감을 모두 넣어주자."

"남은 옷 중에 옷걸이에 걸어서 넣어야 하는 것들은 옷걸이에 걸어서 옷장에 넣자."

"그래도 남은 옷들은 잘 접어서 서랍에 넣어둘까?"

"옷은 다 정리가 되었구나. 이제 다 본 책들을 책장에 꽂자."

"장난감은 모두 장난감통에 담자."

"이제는 이불과 베개를 잘 접어놓으면 되겠구나."

　어린아이들이나 일의 순서를 잘 정하지 못하는 아이들의 경우, 혹은 어떤 일을 처음해보는 아이들인 경우 이렇게 한 단계씩 설명하는 방식을 거치면 효과적으로 일하는 방법을 가르칠 수 있다.

　유아들에게는 조금 더 섬세하게 설명하면 좋다. 예를 들어 "양치하자"라고 하는 것보다는 다음과 같이 하는 게 좋다.

"화장실로 가자."

"칫솔을 뽑아서, 치약을 짜자."

"위아래로 이를 닦자, 안쪽도 닦고, 입천장도 닦고, 혓바닥도 닦자."

"컵에 물을 받아서 한 모금 입에 무는데, 삼키지는 않는 거야."

"우물우물하자."

"그리고 뱉자."

"다시 한 번 물을 받아서 입에 머금자. 그리고 우물우물한 후에 뱉는 거야."

"깨끗해질 때까지 해볼까?"

　이렇게 침착하고 차근차근 가르치면 괜히 아이를 다그칠 필요가 없고, 아이도 올바른 방법을 잘 배울 수 있다. 아이가 커서는 요리하는 방법을 이렇게 설명해주면 아이가 매우 효과적으로 배울 수 있다.

아이 홀로 세우기

아이가 세 살 정도면 발달 단계상 자립심을 스스로 키우고자 하는 욕구가 생겨난다. 뭐든 자기 스스로 하려고 하고 누가 도와주면 소리를 지르고 화를 낸다. 이것은 인간의 자연스러운 욕구이다.

이때 아이의 욕구를 현명하게 잘 받아주어 스스로 할 수 있도록 허용해주고 지원해주면 아이는 자립심 강하고 자존감 있는 사람으로 자랄 가능성이 높아진다. 그런데 한국의 어머니들은 유독 이것을 허용하지 못하는 경우가 많다.

다칠까 봐 걱정스럽고, 위험하고 서툴러서, 아이가 무언가를 하는 것을 지켜만 보기 어렵다. 혹은 할 일이 너무 많아 바빠서 아이가 어떤 일을 하는 동안을 기다릴 수가 없다. 그러나 이때부터 아이의 자립에 대한 욕구를 좌절시키면 아이는 무능력을 경험하게 된다.

자신이 할 수 있는 것이 없다고 생각되니 자신감도 사라지고 소심해진다. 부모가 아이를 양육하는 기간 동안은 비교적 안전한 테두리 안에서 아이가 다양한 경험을 스스로 해보고 좌절과 실패를 겪을 수 있도록 기회를 주어야 한다.

　실패할 기회를 주지 않으면 성공할 기회도 얻지 못한다. 그런 이유로 부모는 아이의 성장 단계마다, 다양한 자립의 계획을 짜야 한다. 자립에 계획까지 필요한 이유는 아이를 미리 가르쳐야 할 필요가 있기 때문이다.

　예를 들면 아이와 잠자리를 분리하기 위한 계획을 짠다면 몇 살부터 시도하여 몇 살 정도에 완성할 것이며, 어떤 방법들을 사용할지에 대해 생각해보는 것이다. 추후에 아이가 저녁 식사를 스스로 준비할 만큼 만들고 싶다면, 부모는 몇 살부터 아이에게 서서히 밥을 하고 장을 보고 다듬어 간단한 요리를 할 수 있도록 가르칠지에 대해 생각해보는 것이다.

　아이가 초등학생 정도면 어지간한 집안일은 할 수 있다. 세탁기도 있고, 청소를 위한 도구도 편리한 것들이 많고, 슈퍼만 가도 온갖 것을 사올 수 있다. 아이가 할 수 있는데, 하기 싫어서 하지 않는 것과 처음부터 할 수 없는 것은 다르다.

　일단 할 수 있도록 차근차근 가르치는 것이 중요하다. 또 경제적인 것에서도 어떻게 독립시킬지를 구체적으로 생각하고 실행하는 것이 좋다. 많은 부모가 아이들이 크면 독립시킬 것이라고 생각은 한다. 하지만 구체적인 실행 계획이 없으면 아이들은 난데없는 일이 되고, 부모들은 갑자기 비정한 부모가 되는 것이 힘들어 주저앉게 되는 것이다.

　이때 가장 중요한 것은 부모와 아이가 함께 보조를 맞추는 것이다. 부모는 다른 아이들과 비교할 필요 없이 내 아이가 할 수 있는지 점검하여 시도할 수 있도록 돕고, 버거운지 혹은 더 추가해서 할 수 있는지를 살펴보고 그에 걸맞은 상황을 시시각각 유도해야 한다.

항상 기억해야 할 것은 아이의 자립은 서서히 오랜 시간 도와야 하는 일이라는 점이다. 그리고 부모로서 해야 할 가장 큰 의무도 바로 아이의 자립임을 잊지 말자. 어느 날 갑자기 "너는 나이가 몇 살인데, 아직도 엄마가 해줘야 하니?"라는 말을 내뱉는다면, 엄마 스스로 반성해보아야 한다.

'나는 진정으로 아이의 자립을 위해서 구체적으로 계획하고 실행했는가? 그런 노력도 없이 어느 날 아이가 모든 능력이 생겼기를 바라는 것은 무책임이 아닌가?'에 대해 점검해보아야 한다.

책임감 부여하기

아이가 커가면서 크고 작은 책임감을 느끼는 것은 대우 좋은 성장으로 이어진다. 아이는 크고 작은 자신의 행동에 대해 스스로 책임지는 것을 배우면서 성장해야 한다. 그런 것들은 일부러 책임감을 지우려고 한다기보다는 자연스럽게 일상에서 늘 행해져야 한다. 그렇게 자신의 선택에 대해 책임을 질 줄 알아야 건강한 사회 구성원으로 성장할 수 있다.

여기서 말하고 싶은 것은 인위적인 책임감이다. 아이의 행동 때문에 자동으로 귀결되는 책임감이 아니라 부모나 상황 속에서 특별하게 부여되는 책임감을 경험하게 해보는 것이다.

예를 들면, 아이가 아주 어릴 때는 작은 식물을 기르게 하는 것이다. 조금 크면 작은 동물로 진전시켜도 좋다. 이런 것들을 기르는 경험은 특별한 책임감을 요구하는데, 생명이 있는 것들이므로 자신의 게으름이나 부지런함에 따라 잘 자라게 할 수도 있고, 죽게 만들 수도 있다.

이런 것을 할 때는 잘못 길렀을 경우 질책하기 위한 수단으로 사용하는 것은 좋지 않다. 잘 기르는 동안 지지해주고 함께 관심을 기울여주고 아이가 미처 손대지 못한 부분은 보완도 해주면서 아이가 책임감을 길러갈 수 있도록 도와야 한다.

맏이인 경우에는 동생을 챙기면서 어떤 일을 하게 할 수도 있다. 함께 슈퍼에서 장보기 심부름을 시키고 동생이 뭔가를 사달라고 할 경우 맏이가 일정 금액 한도에서 사줄 수 있도록 권한을 부여하는 것도 좋은 방법이다. 이렇게 되면 맏이는 동생을 보호하고 자신의 권위도 높일 수 있어 좋은 품성을 다양하게 길러줄 수 있다.

어릴 때는 소소한 일상에서 책임감을 부여하고, 조금 크면 가족 나들이나 저녁 준비 등을 맡길 수 있다. 휴일에 가족 나들이 갈 장소를 아이에게 인터넷이나 책자를 보고 선정하게 하고, 그곳에 가서 무엇을 먹을 것이며, 언제 출발하여 언제 돌아올지 등을 정하게 하는 것이다. 아이는 가족 구성원을 배려하여 일을 계획하고 구성해보는 경험을 통해 더 이상 나약한 존재가 아니라 가족을 배려하는 성숙한 구성원으로서의 면모를 키울 수 있다.

이렇게 나이에 맞는 크고 작은 책임감을 부여하여 아이를 단계별로 성장시키면 아이가 성인이 된 후 어떤 일을 하게 될지, 어떻게 살게 될지를 걱정할 필요가 없어진다. 아이는 아이의 삶을 책임감 있게 살 것이고, 부모는 부모의 역할을 훌륭히 해낸 것이 될 것이다.

두 가지 중 선택하게 하라

아이를 키우다 보면 아이가 무리한 요구를 하거나 예의에 어긋난 모습을 보이는 등으로 부모를 난처하게 할 때가 있다. 이때 부모는 너무 쉽게 타협해버리거나 너무 완고하게 자신의 주장을 고집하여 관계를 해치기 쉽다.

이때는 '두 가지 중 선택하게 하는 방법'을 사용하자. 아이에게 선택권도 주고 분쟁도 해소할 수 있다. 매우 간단한 방법이지만 부모에게 어느 정도 논리성이 있어야 가능하다.

예를 들어 거실을 장난감으로 어지럽혀놓았을 경우 아이에게 이렇게 제시할 수 있다.

"민수야. 거실이 지저분하구나. 네가 지금 직접 치울 수도 있고, 엄마가 상자에 담아서 창고에 가져다 둘 수도 있다. 어떻게 할래? 네가 지금 치우면 너는 다음에도 장난감을 사용할 수 있지만, 엄마가 창고에 가져다 두면 너는 그 장난감을 꺼내서 가지고 놀기 힘들어질 수 있단다. 어떻게 하면 좋을까? 민수가 선택해볼래?"

아이가 마트에서 장난감을 사달라고 떼를 쓴다면 이렇게 할 수 있다.

"종민아, 장난감을 갖고 싶구나. 엄마가 오천 원까지는 장난감을 사줄 수 있단다. 그런데 엄마는 집에 가는 길에 종민이랑 아이스크림이랑 과자를 사 먹으려고 했는데, 장난감을 사면 아이스크림이랑 과자는 먹을 수가 없단다. 어떻게 하면 좋을까? 지금 장난감을 사고 아이스크림이랑 과자는 먹지 말까? 아니면 지금 장난감을 사지 말고 가는 길에 아이스크림이랑 과자를 사 먹을까? 종민이가 정하는 대로 하자."

이때 욕심 많은 아이들은 엄마는 돈이 많으니 둘 다 사주고 장난감도 더 비싼 것으로 사달라고 졸라댄다. 그럴 때는 엄마도 아이에게 오늘 쓰려고 생각한 돈은 이것이니 이 안에서 선택하든가 아니면 둘 다 포기해야 한다고 분명하게 말해야 한다.

아이가 계속 다른 이야기로 물고 늘어지면 엄마는 좀 더 엄하게 이야기해야 한다.

"지금은 둘 중에 하나만 고를 수 있어! 다른 것을 이야기하는 시간이 아니야. 엄마는 지금 다른 것에 대해 너랑 이야기하고 싶지 않아. 둘 중에 하나를 선택하든 아니면 둘 다 선택하지 않는 걸로 해야 한다. 어떻게 할까? 엄마는 기다려줄 수 있어."

만일 아이가 더 좋은 다른 대안을 제시했다면, 그리고 그 내용이 부모가 보았을 때 일리가 있고, 크게 나쁘지 않다면 아이의 대안을 따르는 것도 좋다. 만일 선택하지 않고 떼를 쓴다면 그냥 무시하는 것이 좋다.

이런 방법을 지속적으로 사용하면 아이는 지금 당장 이것을 선택하지 않으면 안 될 것 같은 욕망을 좀 더 수월하게 진정시킬 수 있고, 다른 여러 대안이 있을 수 있음을 배우게 된다. 그러면서 사고가 유연해지고 문제에 봉착했을 때 스스로 해결하는 능력도 키울 수 있게 된다.

자연이 가르치게 하라

아이들은 세 살을 넘어서면서 부쩍 자기주장이 커진다. 뭐든 자기 뜻대로 하기를 원하고 스스로 해보려고 한다. 부모의 눈에 합리적이지 않고 위험해 보이기까지 하는 주장도 한다. 예를 들면, 다섯 살 된 여자아이가 한겨울에 하늘하늘한 망사 원피스를 입고 유치원에 가겠다며 고집을 부리는 일 등이다. 이렇게 말도 안 되는 주장을 할 때는 '자연이 아이를 가르치게 하라'는 규칙을 적용해보자.

아이에게 지금 밖은 많이 춥고 그 옷을 입고 나갔다가는 감기에 걸릴 수도 있다는 것을 알려주고 그래도 주장을 굽히지 않을 경우에는 아이가 원하는 옷을 입힌 후 엄마는 두꺼운 옷을 들고 나가는 것이다.

아이는 자신이 선택한 옷이 계절에 맞지 않는다는 것을 금세 깨닫게 된다. 고집이 세면 조금 더 버티겠지만, 대부분은 엄마에게 도움을 요청한다. 이때 엄마는 아이에게 비아냥대거나 엄마 말을 듣지 않은 것을 질책하지 말아야 한다. 다만, 아이가 이제라도 무언가 깨닫고 배운 것을 감사하게 생각하면 된다.

초등학생이 되면 엄마들은 아이를 지각시키지 않고 학교에 보내기 위해 안간힘을 쓴다. 그러나 이런 태도는 아이에게 마치 자신이 지각하지 않는 것이 엄마를 우한 일인 것처럼 보이게 한다. 엄마의 이런 성급한 태도가 굳어지면 학교에서 공부를 하는 것도 엄마를 위한 것이 되고, 시험 성적이 오르면 부모와 협상하여 좋은 것을 얻어낼 기회라고 생각하기에 이른다. 그 모든 것이 자신의 일이 아니라 부모의 일이고 자신은 부모를 위해 그 모든 일들을 해준다고 생각하기 때문이다.

이것을 깨달았다면 그때부터라도 아이의 일은 아이가 선택하고 책임지게 해야 한다. 아이가 늦잠을 자서 아침을 못 먹고 학교에 가게 되면, 아이는 자연의 결과로 '배고픔'을 경험할 것이다. 그러면 아이는 늦잠을 자서 아침을 못 먹는 것은 배고픔을 견뎌야 하는 좋지 않은 일임을 배우게 된다. 하루이틀 이런 경험을 하게 되면 아이는 자신을 위해서 이로운 쪽으로 선택의 방향을 돌린다. 이때 부모가 '엄마가 깨울 때 안 일어나니 밥도 못 먹고 간다'는 등 아이에게 잔소리를 시작하면 아이 스스로 해보려던 마음의 싹은 다시 사라지고 반발심만 생길 뿐이다.

그러니 부모는 조용히 아이의 경험을 지켜봐주고 아이가 자신을 위해서 스스로 선택하도록 유도하거나 기다려주어야 한다.

"오늘 아침에 밥을 못 먹고 가서 배가 많이 고팠겠다. 엄마도 네가 밥을 못 먹고 가니까 배고플까 걱정되더라."

이 정도의 유도하는 말만 하든지 아니면 하지 않는 편이 좋다.

　이처럼 자연에서 배우게 하는 것은 가장 손쉬운 방법인 동시에 아이들이 자신의 신상을 챙기고 자립심을 길러주는 데 도움이 된다. 그러나 이때 부모는 고통을 겪고 난처한 상황에 처한 자녀를 침착하게 바라볼 수 있는지에 대해 스스로 점검할 수 있어야 한다.

　아이가 아침을 먹지 않으면 마음이 아파 그냥 보낼 수 없다면 이 방법을 사용하면 안 된다. 괜히 우왕좌왕하며 혼란만 가중시킬 것이기 때문이다. 그러나 굳은 마음으로 몇 번만 시행해보면 이 방법이 부모와 아이 사이를 멀어지지 않게 하면서 아이의 태도를 개선시킬 수 있는 매우 현명한 방법임을 알게 될 것이다.

Part 4

엄마의 태도가 바뀌면
아이도 달라진다

다른 아이와
비교하지
않는다

주위의 다른 아이와 자신의 아이를 비교하는 엄마들이 많다. 이러한 엄마들의 평가 기준은 아이의 눈높이에 맞춰져 있지 않다. 지극히 엄마의 입장에서 평가한다. 특히 아이의 성적이 아닌 성격이나 장점 등으로 아이를 평가하는 엄마는 흔치 않다.

다양한 적성과 재능을 가진 아이들을 엄마의 잣대인 성적으로 우열을 나누는 것보다 위험한 일도 없다. 비교는 아이에게 능력을 끌어올리게 하기보다 좌절감과 패배감을 가지게 해주기 때문이다. 더욱이 자존감이 낮은 아이일 경우 대부분 엄마나 아빠로부터 다른 아이들이나 형제들과 비교 당하는 말을 자주 듣는다. 그래서 이런 아이들은 '나는 잘할 수 있는 게 하나도 없어'라는 그릇된 자아의식 속에서 불행한 인생을 살아갈 가능성이 높다.

EBS 프로그램 〈마더 쇼크〉에서 매우 흥미로운 실험을 진행했다.

한국인 엄마들과 미국인 엄마들의 성향에 대한 비교 실험이다. 각 11명씩의 한국인 엄마들과 미국인 엄마들에게 MRI 장치 속에서 특별한 게임을 하게 했고, 엄마들의 뇌에서 반응하는 부분을 검사했다.

엄마들이 몇 개의 카드를 선택하면 자신의 점수가 올라가거나 내려갈 수 있고, 또 자신의 선택으로 상대방보다 자신이 점수가 더 높아지기도 하고 더 낮아지기도 하는 것이었다. 이때 주로 반응하는 부분이 뇌 안에서도 '측핵'이라는 부분이다. 이 부분은 성취감, 만족감, 희열, 기쁨 등을 담당하는데, '보상 뇌'라고도 한다.

과연 한국인 엄마들과 미국인 엄마들은 각각 어떤 반응을 보였을까? 우선 미국인 엄마들은 자신이 선호하는 숫자를 골라서 자신의 점수가 올라갔을 때, 즉 '절대적 성공'을 했을 때 측핵이 활성화되었다. 상대의 점수와 상관없이 자신의 점수가 올라갔을 때만 성취감과 만족감을 느꼈다는 이야기이다.

한국인 엄마들은 어땠을까? 한국인 엄마들은 자신의 점수가 올라갔을 때는 측핵에서 아무 반응이 일어나지 않았다. 반면 상대의 점수를 확인하고 상대보다 자신의 점수가 높아졌을 때, 즉 '상대적 성공'을 이루었을 때 측핵이 활성화되었다. 자신이 아무리 잘했더라도 상대보다 잘하지 못하면 불만족스러운 것이다.

아이가 시험에서 100점을 맞아 와도 엄마들은 "너희 반에 100점 맞은 애가 몇 명 있니?"라고 묻는다. 아이가 아무리 노력해서 얻은 점수라도 반에 100점 맞은 아이들이 많다면 의미 없는 숫자가 되는 것이다. 이런 의미 없는 비교에 아이들은 좌절하고 열심히 하려는 마음을 접어버린다.

열심히 공부해서 맞은 100점에 엄마는 별것 아니라는 반응을 보인다면 아이가 다음번에도 지금처럼 열심히 공부해야겠다고 생각하겠는가? 상대적인 평가는 아이가 아무리 노력해도 어쩔 수 없는 부분이다. 반 아이들 중 얼마만큼이 100점을 맞을 수 있을지는 항상 다르기 때문이다. 내가 노력해서 변화시킬 수 있는 부분이 아닌 것이다. 아이의 노력과 상관없는 부분을 가지고 비교하는 부모의 어리석음으로 아이의 열정을 사라지게 해선 안 된다.

내가 담당하는 부모 교육 중 선택이론에 관한 내용이 있다. 인간은 기본적으로 다섯 가지 욕구, 즉 생존의 욕구, 사랑과 소속의 욕구, 힘과 성취의 욕구, 재미와 즐거움의 욕구, 자유의 욕구를 가지고 있다. 이 욕구의 강도는 사람마다 다르다. 어떤 사람은 생존의 욕구가 유난히 강하고, 어떤 사람은 즐거움의 욕구가 특히 강하다.

부부가 함께 식탁에 앉아 밥을 먹어도 밥을 함께 먹는다는 사실만으로도 사랑의 욕구가 충족되는 사람이 있다. 반면, 밥을 먹으면서 눈을 맞추고 도란도란 이야기도 나누고 반찬도 숟가락에 얹어주어야 사랑의 욕구가 충족되는 사람이 있다. 같은 일을 하면서도 사람들은 서로 다른 욕구를 추구하며 살아간다.

예를 들어 아내가 저녁에 남편과 한적한 공원길을 걸으며 이야기를 나누고 싶어 한다고 가정해보자. 그런데 남편은 내일 오전에 있을 회의에 대한 생각을 떠올리며 딴생각을 한다. 아내는 사랑의 욕구 충족을 지향하지만, 남편은 생존의 욕구 충족을 지향하는 것이다.

힘의 욕구 역시 마찬가지다. 많은 엄마가 아이를 통해 자신의 성취감을 이루려고 한다. 아이가 남보다 잘하는 것을 보면서, 또 아이가 자신의 말을 잘 따르는 것을 보면서 힘과 성취의 욕구를 충족하려고 한다. 그러면 아이는 엄마에게 반항하는 방법으로 힘의 욕구를 성취하고 싶어 한다.

엄마들이 아이를 통해 자신의 성취를 얻으려는 것부터 왜곡된 방법이라고 볼 수 있다. 아이가 공부를 잘하고 열심히 하는 것은 순전히 아이의 성취 욕구여야 한다. 물론 아이가 공부를 잘하는 것은 부모로서 기쁨이겠지만 그것을 통해 자신의 성취감을 얻으려고 해선 안 된다. 그럴 경우 모든 부분에서 아이가 부모와 독립되지 못하고 하나로 엮이는 문제점이 유발된다. 결국 자기 주도적인 인생을 살지 못한 채 부모에게 의존하게 되는 것이다.

부모들 중에 수시로 다른 아이와 비교하는 부류가 있다. 이 역시

부모가 아이와 자신을 동일시하는 데서 오는 문제점이다. 아이가 또래들에 비해 뒤처지거나 부족한 부분을 엄마인 자신이 창피해하거나 아이에 대해 사람들이 뭐든 잘하고 훌륭하다는 평가를 해주면 자신이 좋은 엄마로서의 역할을 잘하고 있음을 인정받은 기분이 드는 것이다.

그러나 아이의 삶과 성취는 아이의 몫이다. 엄마는 자기 인생의 성취를 다른 곳에서 찾아야 한다. 그런데 대부분의 부모가 자기 인생을 뒤로 미룬 채 아이에게 매달린다. 그 결과 자신의 행복까지 포기하며 아이 하나만 바라보며 산다. 이럴 경우 아이와의 관계가 나빠지는 것은 물론이요, 아이 역시 바르게 성장하지 못하고 삐뚤어진다.

한번은 초등학교 4학년인 둘째의 중간고사 기간에 평소 정해져 있는 공부 대신 자유롭게 시험공부를 하라고 말했다. 둘째는 유난히 힘들어하는 과목인 사회 시험공부를 나름대로 열심히 하는 듯 보였다. 시험 보는 날은 점심시간에도 열심히 교과서를 훑어보았다고 했다. 시험이 끝나고 담임 선생님이 시험 성적이 궁금한 사람은 교실에 남아서 책상과 의자를 모두 정리하면 성적을 알려주겠다고 말했다. 둘째는 자신이 몇 점을 맞았는지 알고 싶어 교실에 남아 책상과 의자를 모두 정리하고 점수를 알아냈다. 점수는 만점이었다. 집에 돌아온 둘째는 날아갈듯이 기뻐하며 나에게 "엄마, 나 사회 100점이야"라고 말했다. 나도 아이를 안아주며 이렇게 말했다.

"태은아, 너 정말 뿌듯하겠다. 엄마는 듣기만 해도 이렇게 뿌듯한데, 너는 얼마나 뿌듯하겠니? 이번에 열심히 공부하더니 좋은 성적을 받게 돼서 정말 기쁘겠다. 축하해!"

부모가 아이의 성공과 좌절을 함께 기뻐하고 슬퍼할 수 있지만, 궁극적으로 성공과 좌절은 아이의 것이다. 부모는 다만 아이의 성공과 좌절을 함께 지켜보고 함께 기뻐하고 슬퍼해주는 가족인 것이다. 부모가 자신의 삶의 연륜으로 얻은 좋은 방법을 아이에게 알려줄 수 있지만 그 방법을 선택하고 그 길을 가는 것은 아이의 몫이다.

부모가 아이의 감정이나 성공 등을 자신에게서 적절히 잘 분리할 때 서로 건강한 삶을 살 수 있다. 영화 〈댄싱퀸〉에서 남자 주인공 황정민의 정치 라이벌이 "가족도 못 다스리는 이가 어떻게 서울 시민을 다스리겠냐?"라고 말하자 황정민이 이렇게 말한다.

"가족은 다스리는 존재가 아니라 함께 꿈을 꾸며 살아가는 존재입니다. 서울 시민도 지도하고 다스릴 존재가 아니라 함께 나아가야 할 존재입니다."

엄마는 아이를 만드는 사람이 아니다. 이렇게 저렇게 꾸며서 엄마가 원하는 작품을 만들어놓는 것이 엄마의 할 일이 아니라는 말이다. 엄마가 괜찮아 보이는 옆집 아이처럼 내 아이를 만들어보겠다는 꿈을 꾸는 것은 내 아이를 망치는 가장 어리석은 행동이다.

아이를 진정으로 사랑한다면, 있는 그대로 인정하고, 믿고, 참고, 기다려주어야 한다. 아이는 옆에서 재촉하거나 비교하지 않고 묵묵히 기다려줄 때 자신의 잠재력을 발휘한다.

한 번 야단치기보다
두 번 칭찬한다

"칭찬해줄 것이 없어요."

"칭찬받을 일을 해야 칭찬을 하지요."

엄마들에게 칭찬을 많이 해주라고 말하면 이구동성으로 나오는 이야기이다. 엄마들은 항상 말썽만 부리는 아이를 칭찬해주는 것은 무리라며 답답한 표정으로 나를 바라본다.

무슨 일이건 자주 해봐야 잘하게 된다. 칭찬도 마찬가지다. 다른 기능과 마찬가지로 칭찬도 자꾸 사용해야 발달되는 기능이다. 아무리 칭찬하는 것이 좋다고 생각해도 습관처럼 익숙하게 하기란 쉽지 않다.

엄마들은 아이가 칭찬받을 일을 하지 않아서 칭찬하지 않는 것이라고 말하지만 나는 다르게 생각한다. 엄마 자신이 칭찬에 익숙하지 않기 때문에 칭찬을 사용하지 않는 것이다. 자신도 자라는 동안 칭찬받으며 성장하지 못했기 때문에 자신이 교육받은 대로 자녀를 교육시키는 것이다.

나는 엄마들을 대상으로 하는 강의에서, 강의가 끝날 즈음 항상 서로를 돌아가며 칭찬하는 시간을 갖도록 한다. 칭찬도 습관이 되어야 평소 자연스럽게 나오기 때문이다. 그러면 엄마들은 거의 외모와 관련된 일차원적인 칭찬을 시작한다.

"오늘 입으신 옷이 잘 어울리시네요."

"표정이 밝아 보여서 좋아요."

강의 초반에는 이런 일차원적인 칭찬을 하던 엄마들이 조금 지나면 좀 달라진다. 외모에만 집중하던 칭찬이, 나에게 좋은 영향을 미친 상대의 말, 혹은 상대의 본받을 만한 생활 태도 등 그들의 내면으로 옮겨간다.

처음에는 서로 칭찬을 주고받는 것에 어색해하던 엄마들도 시간이 지날수록 상대의 칭찬을 기대한다. 그리고 칭찬의 묘한 힘을 경험한다. 상대에게 들었던 칭찬을 문득문득 떠올리고 되새기는 것이다. 그러면서 생각한다.

'내가 다른 사람의 눈에는 그렇게 보이나? 그래, 내가 좀 열심히 살긴 하지.'

이렇게 상대의 칭찬을 되새기며 나의 태도를 좋은 쪽으로 정돈하고 좀 더 자신감을 갖는다.

사람들에게 목소리에 대해 자주 칭찬을 받은 엄마가 있었다. 이 엄마는 목소리가 청량하고 또렷해서 집중이 잘되었다. 그러나 정작 그 엄마는 그동안 자신의 목소리가 그렇기 좋은지를 잘 깨닫지 못하고 있었다. 그런데 수업 때마다 사람들에게 자주 칭찬을 듣다 보니 그것도 자신의 좋은 재능 중 하나라고 인식하게 되었다. 결국 그 엄마는 자신의 재능을 살리고 싶어서 지역의 장애인센터에서 책을 읽어주는 봉사 활동을 시작했다.

내성적인 성격의 엄마도 있었다. 그녀는 내성적인 성격에도 불구하고 육아에는 항상 최선을 다했다. 그 모습을 자주 칭찬받자 이렇게 말했다.

"저는 육아에 대해 자신감이 없었어요. 항상 뭔가 잘못하고 있는 것 같고, 더 잘해야 할 것 같았어요. 그래서 자존감도 낮고 우울할 때가 많았는데, 이렇게 잘하고 있다고 칭찬을 받으니까 자신감이 생기는 것 같아요."

이것이 바로 칭찬의 힘이다. 때로는 새로운 재능을 찾도록 돕기도 하고, 때로는 우울증을 치료하기도 한다. 객관적 판단을 할 수 있는 어른들이 서로의 칭찬에 이런 변화를 갖게 되는데, 하물며 우리 아이들은 더 말할 필요가 없을 것이다.

칭찬도 처음에 시작할 때는 초보적인 칭찬에 머문다. 외모처럼 지금 당장 눈에 보이는 것에 국한되는 것이다. 그러나 점차 횟수를 거듭할수록 좀 더 차원 높은 칭찬으로 단계를 높여가게 된다.

상담을 하면서 한 중학생 여자아이를 만나게 되었다. 머리를 노랗게 염색하고 귀에는 귀고리와 피어싱을 하는 등 좀 껄렁해 보이는 외모 때문에 학교 선생님들에게 자주 지적을 받는 아이였다. 멀리서도 눈에 띄는 외모라 학교에서는 지적의 대상이 되기 십상이었다.

모든 태도가 반항적이고 불평이 많았다. 이 아이와 외모를 꾸미는 것에 대해 이야기하다가 나는 이런 칭찬을 했다.

"너는 외모 때문에 불이익을 당할 수 있다는 것을 알면서도 굽히지 않고 자신의 신념을 지켜가는 의지가 있구나. 이런 의지는 아무나 가지고 있는 것은 아니란다. 좋은 신념을 갖고 끝까지 밀어붙여서 해내고 마는 것은 성공한 사람들 모두가 가지고 있는 공통점이야. 좋은 신념을 갖도록 항상 노력하는 것이 너한테는 중요할 것 같구나."

그 아이에게 머리를 노랗게 하지 말라거나 피어싱을 하면 선생님들이 싫어할 거라는 말은 그 아이를 보는 모든 사람이 할 수 있는 말이다. 남들이 모두 할 수 있는 말을 해주는 것이 엄마나 선생님이나 상담자의 할 일은 아닐 것이다.

잘못을 지적하는 것은 아이의 자원을 끌어낼 수 없지만 칭찬은 아이의 자원을 끌어낼 수 있다. 지적은 아이에게 자신은 못났다는 인식을 심어주지만 칭찬은 아이의 좋은 점을 부각시켜준다.

머리를 염색하고 피어싱을 한 아이를 문제아로 인식하면 지적할 수밖에 없지만 아이의 장점을 찾아보려고 노력하면 그런 아이에게서도 장점을 발견할 수 있다. 아이가 머리를 염색하고 반항적인 행동을 하는 것은 한편으로는 아이의 힘과 에너지라고 할 수 있다. 같은 에너지로 어떤 사람은 피어싱을 하고 어떤 사람은 노래를 하고 어떤 사람은 공부를 하는 것이다. 그런 에너지를 아이가 가지고 있음을 아이 스스로 인식하는 것에서부터 태도의 변화는 생겨날 것이다.

이렇게 칭찬은 사람을 변하게 만드는 힘을 가지고 있다. 그러나 연습해서 몸에 익히지 않으면 할 수 없는 것이 또한 칭찬이다. 그리고 칭찬하기에 앞서 반드시 선행해야 할 것이 있다. 바로 '관찰'이다. 상대를 열심히 관찰해야 진정으로 칭찬할 수 있다.

나는 항상 상담에 들어가기 전에 꼭 하나 이상 칭찬하겠다고 결심을 하고 상담에 임한다. 그런 마음으로 상담에 들어가면 계속해서 나의 모든 감각은 상대를 관찰하는 데 집중되고 칭찬으로 연결된다.

내 아이를 좋은 습관을 가진 멋진 아이로 성장시키고 싶다면 지금부터 결심해보는 건 어떨까? 하루에 한 가지 이상 칭찬하기로 결심하는 순간부터 변화가 시작될 것이다.

03

아이의 단점보다
장점에
초점을 맞춘다

"애가 너무 산만하고 집중력이 없어요."

"아이가 너무 소심해서 작은 일도 한참을 생각하고 결정을 못 내려 답답해요."

"공부는 하지 않으려고 하고 만날 놀 생각만 하네요."

"질투심이 너무 강해서 항상 동생과 자기를 스스로 비교해요."

"말수가 너무 없어요. 의사 표현도 거의 하지 않아요."

엄마들은 내게 마치 경쟁이라도 하듯 앞다투어 자녀에 대해 이런저런 근심 보따리를 풀어놓는다. 그러면서 자녀에 대한 푸념이 꼬리를 물고 이어진다. 그들의 말을 듣고 있으면 마치 큰일이라도 일어난 것 같은 착각에 빠지곤 한다.

아이에게 이런저런 불만을 가지고 있는 엄마들의 말을 한참 들어주고 공감해준 뒤 마지막에는 이런 조언을 해준다.

"어머니, 아이가 산만하고 집중력이 없다면 호기심이 많고 에너지가 넘친다고 볼 수 있습니다. 단점보다 아이의 강한 호기심과 넘치는 에너지에 초점을 맞춰보세요."

"아이가 너무 소심하다는 것은 조심성이 많고 신중하다는 장점을 지녔다는 것과 통합니다. 엄마가 아이의 단점에만 집중하려고 하는 것은 아닌지도 생각해보세요."

아이의 장점과 단점은 동전의 양면과 같다. 보는 사람의 시각에 따라 장점이 단점이 될 수도 있고, 단점이 장점이 될 수도 있다. 말이 많은 사람을 좋아하지 않는 엄마는 아이가 말이 많으면 산만하여 시끄럽고 조용히 있지를 못한다고 생각한다. 그렇지만 다른 사람은 아이가 활기차고 옆에서 계속 이야기를 해주니 심심하지 않고 재미있다고 말할 수도 있다. 이처럼 아이의 장단점은 보는 시각에 따라 달라진다.

엄밀히 말해 상대의 장점이나 단점은 그 상대를 보는 사람이 평가할 때 자신에게 맞는 성향인지 아닌지를 기준으로 정해지는 것이다. 보는 사람이 좋게 여기는 것은 장점이 되고, 보는 사람이 나쁘다고 생각하는 것은 단점이 되는 것이다.

나는 엄마들이 아이에게서 단점만 계속 보인다고 말할 경우, 아이에게 느끼는 애정도가 낮은 것은 아닌지 생각해볼 필요가 있다고 말한다. 엄마가 보기에 예쁜 아이는 뭘 해도 예뻐 보이고 단점 따위는 눈에 들어오지도 않는다. 그런데 엄마가 보기에 마땅치 않은 아이는 뭘 해도 어설퍼 보이고 단점만 눈에 들어오는 것이다.

어느 다큐멘터리 프로그램에서 재미있는 실험을 했다. 몇 쌍의 부부를 초대하여 남편이나 아내의 사진을 다섯 장씩 주고 상대방의 사진을 고르라고 한 것이다. 이 다섯 장의 사진 중 한 장만 진짜 사진이다. 네 장 중 두 장은 조금씩 잘생겨 보이게, 나머지 두 장은 조금씩 못생겨 보이게 포토샵을 한 것이다. 이 실험을 하기 전 제작진은 미리 부부 사이가 좋은지 그렇지 않은지를 설문조사했었다.

실험에 참여한 부부는 결혼한 지 1년 된 부부부터 30년 된 부부까지 여러 쌍이었다. 결과가 어떻게 나왔을까? 결혼한 지 몇 년 안 된 부부는 예쁜 사진을 고르고, 오래된 부부는 못생긴 사진을 골랐을까? 그렇지 않았다. 결혼을 유지한 기간과 상관없이 부부 사이가 좋으면 예뻐 보이는 사진을 골랐고, 그렇지 않은 부부는 진짜 사진을 고르거나 그마저도 아닌 사진을 골랐다. 부부 사이가 좋으면 결혼 유지 기간과 상관없이 상대방이 예쁘고 멋있어 보이는 것이다. 흔히 콩깍지가 씌었다고 표현하는 것처럼 말이다. 이것을 일명 '핑크렌즈효과'라고 한다.

그런데 나는 이런 효과가 꼭 부부 사이에만 해당되는 것은 아니라고 생각한다. 부모가 자녀를 볼 때도 이 효과가 적용된다. 엄마가 아이와 사이가 좋으면 아이가 하는 짓이 모두 예뻐 보이고, 엄마와 아이의 사이가 좋지 않으면 아이가 하는 짓마다 못마땅해 보인다. 즉, 열 손가락 깨물어 아프지 않은 손가락은 없다지만 좀 덜 아프고 좀 더 아픈 손가락은 있다는 것이다.

아이에게서 단점만 계속 보는 부모가 있고 장점을 잘 찾아내는 부모가 있다. 어떤 엄마는 자신의 단점을 아이가 꼭 닮은 것이 너무 보기 싫다고 하고, 어떤 엄마는 사이 나쁜 남편의 못된 버릇만 아이가 똑같이 하는 게 너무 속상하다고 한다.

많은 경우 아이의 단점은, 엄마의 삶에서의 상처 때문에 혹은 남편

과의 원활하지 않은 관계 때문에 혹은 엄마의 이상형이나 가치관에 의해 단점으로 여겨지는 것에 불과하다.

　나는 미술치료를 할 때 가끔 잡지를 활용한다. 잡지에서 성격이 좋을 것 같은 사람을 세 사람 뽑고, 성격이 좋지 않을 것 같은 사람을 세 사람 뽑아서 종이에 붙이고 그 이유를 써보게 한다. 엄마들에게도 종종 이 방식을 활용하는데, 한 가지 재미있는 사실을 발견했다. 성격이 좋지 않을 것으로 보이는 사람들의 이유가 저마다 다르다는 것이다. 어떤 사람은 게으를 것 같아서, 어떤 사람은 거짓말을 잘할 것 같아서, 어떤 사람은 너무 권위적일 것 같아서 싫다고 한다.

　나는 수업을 마치면서 이렇게 말한다.

　"모두 싫은 사람과 좋은 사람을 골랐습니다. 이 중 싫은 사람의 이유가 저마다 제각각입니다. 사실, 잡지에 나온 사진은 말을 하고 있거나 행동하고 있지 않죠. 다만, 그것을 보는 사람만이 그 사진을 보면서 투영하여 이런 단점 저런 장점을 만들어낸 것입니다. 어쩌면 그 사진 속 사람의 좋지 않은 성격이라고 생각되는 부분은 자기 자신이 가지고 있는 버리고 싶고 숨기고 싶은 자신의 단점인지도 모릅니다."

내가 고른 사진에 다른 사람 모두가 '게으르다'거나 '권위적'이라거나 하는 내가 붙인 단점과 똑같은 단점을 가져다 붙일까? 그렇지 않다. 같은 연예인의 사진을 어던 사람은 이런 이유로 좋다고 하고, 어떤 사람은 똑같은 이유로 싫다고 한다. 사람의 단점도 마찬가지다. 나는 전혀 단점이라고 생각하지 못하던 것을 단점이라고 굳게 믿고 있는 사람이 있고, 내가 믿고 있는 단점을 오히려 장점으로 보는 사람도 있다.

우리가 유독 어떤 사람에게 특별한 단점을 계속 본다면, 어쩌면 그것은 자신의 단점이 투영되었기 때문일지도 모른다. 상대의 단점이 아니라 자신의 단점인 것이다.

아이의 단점이 유독 커 보일 때도 마찬가지다. 자꾸 아이의 장점보다 단점이 눈에 띄는가? 그렇다면 첫 번째로, 자녀와의 관계가 좋은지 점검해봐야 한다. 두 번째로, 엄마 자신의 해결되지 않은 문제들이 쌓여 있는 것은 아닌지 점검하는 것이 좋다. 엄마와 아이 사이에 엄마의 욕심, 성취 욕구, 과거의 상처, 안정되지 못한 자아 등의 이물질이 끼어 있는 것은 아닌지 잘 살펴보아야 한다. 이물질이 많이 끼어 있으면 있을수록 엄마가 순수하게 아이를 사랑하고 수용할 수 없다. 그런 관계 속에서 아이는 병들고 만다. 엄마 자신의 해결되지 않은 부분, 상처 받고 미숙한 그런 모습 때문에 자녀를 희생양으로 삼는 어리석은 행동은 그만두어야 한다.

엄마가 아이의 단점을 고쳐보려고 단점에 집중하면 할수록 아이의 단점은 더욱 눈에 띄게 된다. 따라서 아이의 단점을 고치고 싶다면 오히려 장점에 초점을 맞춰야 한다. 그리고 그 장점을 구체적으로 칭찬해주면서 단점을 하나씩 수정해 나아가보자. 무엇보다 남녀노소 할 것 없이 사람은 누구나 장단점을 가진 불완전한 존재임을 기억해야 한다.

04
아이의
자존심을
세워준다

"큰애가 동생을 못 잡아먹어서 안달이에요."

"딸랑 형제 둘 있는데, 사이가 너무 안 좋아요. 어쩌면 좋을까요?"

요즘은 아이를 둘이나 셋 낳는 집이 보편적이다. 간혹 아이가 네 명인 경우도 있다. 남매이거나 형제이거나 자매일 때 관계가 좋지 않아서 하소연하는 경우가 많은데, 엄마들은 놀 때는 서로를 찾으면서도 다른 때는 으르렁거리는 아이들을 이해하기 힘들어한다.

모든 상황이 다 같을 수는 없겠지만, 많은 경우 큰아이가 동생을 많이 괴롭힌다. 큰아이의 말을 들어보면 동생이 미워서라기보다는 부모의 잘못된 행동 때문에 자존심에 상처를 받아 동생에게 그렇게 하는 경우가 많다.

아이가 둘인 경우, 대부분 큰아이에게 기대하는 바와 둘째에게 기대하는 바가 다르다. 큰아이는 좋게 표현하면 의지가 되고, 듬직하다

215

고 한다. 좀 편하게 표현하자면 엄마의 훈장 역할을 하기를 바란다. 공부도 잘하고, 예의 바르고, 성격도 좋았으면 좋겠다. 옷도 단정하게 입었으면 좋겠고, 친구들도 많았으면 좋겠다. 선생님에게도 사랑받았으면 좋겠고, 자랑스러운 아이였으면 좋겠다. 아이가 실제로 이렇다면 이보다 더 행복할 수는 없을 것이다.

그러나 아이가 이런 것에 못 미칠 때는 비극이 시작된다. 동생처럼 스킨십을 하거나 칭찬을 해주는 것도 아니면서 이것도 잘해야 하고 저것도 잘해야 하는 등 많은 짐을 지운다. 열 가지 중 아홉 가지를 잘하고 한 가지만 못 해도 그 한 가지 때문에 꾸중을 듣는 것이 맏이의 숙명이다.

부모들은 아이가 간혹 하는 잘못에 대해 스스럼없이 공개적으로 꾸중을 한다. 보편적으로 대개의 가정에서 동생보다는 형이 더 많은 꾸중을 듣는다. 그 속에는 부모의 기대가 큰 몫을 한다. 아이가 혼날 만큼 잘못했기 때문이라기보다는 '다 큰 녀석이 그런 잘못을 했기 때문에' 더 혼나는 것이다.

이런 부모의 태도에 아이는 점점 더 의욕이 떨어지고 못하는 것이 많아진다. 반면 아이는 한국의 강한 서열문화를 인식하고 있다. 놀이터에서 처음 만난 아이에게 "너 몇 살이야?"를 외쳐댄다. 자신보다 아래면 동생, 위면 형인 서열을 따지기 위해서다. 동생보다는 자신이 위라는 것을 잘 알고 있고, 자신이 형으로서의 우월권을 가져야 마땅하다고 생각한다. 또 자신이 동생보다 못하는 것이 있으면 그것을 수치스러워한다. 부모의 태도 때문에 많은 일에 점점 더 의욕이 떨어지고 못하는 것이 많아지는 겉모습을 가지고 있지만 동생보다 못하는 것을 창피해하는 마음도 함께 가지고 있다.

문제는 이런 아이의 정서를 부모가 도르고 있을 때 발생한다. 아이의 정서에 이해심이 부족한 부모는 동생이 곁에 있는데도 큰아이를 꾸중한다.

"다 큰애가 이게 뭐하는 짓이니? 네가 세 살이니? 세 살짜리도 이렇게는 안 하겠다."

"넌 어째 동생도 안 하는 짓을 하니?"

"형이 돼가지고 잘하는 짓이다."

"형이 그런 행동을 하는데, 동생이 뭘 보고 배우겠니?"

"수백 번 말을 해도 못 알아먹네. 돌머리니?"

"느려 터져가지고. 이거 하나 하는 데 시간이 얼마나 걸리는 거야?"

"또 거짓말이야! 누가 널 믿을 수 있겠니?"

이런 말들은 아이와 단둘이 있는 곳에서 조용히 해도 사실 큰 상처가 될 말들이다. 그런데 엄마가 화를 억누르지 못해서 동생이 있는데도 형에게 이런 말들을 퍼붓는다. 아이는 엄마의 말에 상처도 받지만 동생 앞에서 들은 꾸중이기 때문에 급격히 자존심에 상처를 받는다. 그리고 동생이 자신을 무시할 것이라는 생각을 무의식중에 하게 된다. 그래서 좋은 행동으로는 서열을 잡기가 힘드니 폭력적인 방법으로 동생과의 서열을 잡고자 노력하게 되는 것이다.

이런 상황에서 대부분 동생들은 어떤 마음일까? 형이 혼나는 상황을 실컷 봐온 터라 동생들은 부모의 행동을 예측할 수가 있다. 미리 자신의 행동을 통제할 힌트를 얻는 것이다.

자신은 어리고 연약하기 때문에 힘 센 형과의 싸움에서 엄마는 거의 자신의 편이 되어준다. 엄마가 자신의 지원군 역할을 하는 것이다. 그래서 형과의 싸움에서 힘이 센 형을 물리치기 위해 수시로 지원군을 부른다.

동생이 보기에 부모가 그다지 형을 예뻐하지도 않고 형은 뭔가 잘 못하는 것이 많다. 별로 존경스러운 모습도 아닌 것이다. 동생이 없어서 양보하거나 기다려본 경험이 적은 동생은 자기 것을 포기하거나 권리를 주장하지 못하는 상황을 받아들일 수 없다.

반면 자주 동생에게 양보하거나 상황 때문에 자신을 주장하지 못했던 경험이 많은 형은 스스로 자기 것을 포기하거나 권리를 주장하지 않기도 한다. 동생 눈에는 자신의 권리도 잘 주장하지 못하고 우유부단해 보이는 형이 못나 보인다. 또한 지적보다 칭찬을 더 많이 듣는 자신이 형보다 우월하다고 생각하게 된다. 이런 동생의 생각을 형도 은연중 느끼게 된다.

서열이라는 고유한 문화를 모두 무시하며 살 수 없다면 문화 속에서 아이들이 상처받지 않도록 중심을 잡아주는 것이 중요하다. 형은 형의 위치에, 동생은 동생의 위치에 있도록 해야 한다.

형이 동생에게 무시당할까 두렵게 만들어서는 형제간의 관계를 회복할 수 없다. 엄마가 무심코 동생 앞에서 형을 혼냈다면 이제는 바꿔야 한다. 엄마의 그 행동은 단순히 아이를 지적만 한 것이 아니다. 아이를 지적하면서 동시에 동생과의 관계에서 서열을 흔들어버리는 행동이다.

엄마는 아이의 행동에 대해 이야기해야 할 일이 생기면 우선 아이의 상황을 살펴야 한다. 아이의 주변에 친구가 있는지 다른 어른이 있는지 공개적인 장소인지 동생이 있는지를 살피는 것이 중요하다.

엄마가 스스로 통제되지 않는다면, 그것은 엄마가 감정에 한껏 휩싸여 있다는 뜻이다. 그리고 엄마 자신이 강한 감정에 휩싸여 있을 때는 되도록 아이를 훈육하지 않는 것이 바람직하다. 어떤 이성적인 사람도 강한 감정에 휩싸여 있을 때는 이성적인 판단으로 이야기할 수 없기 때문이다.

엄마가 감정적으로 훈육을 하면 아이는 자신이 잘못한 것에 집중하지 못한다. 자존심이나 동생과의 관계 등에 생각이 빼앗겨 이미 엄마의 훈육은 귀에 들어오지 않는 것이다.

아이가 자존심에 상처를 입으면 이것은 단순히 작은 태도를 고치는 것보다 훨씬 깊은 치료가 필요하며 치료 기간도 길어질 수 있다. 이런 일을 막고 싶다면 엄마는 아이가 반복적으로 자존심에 상처를 받을 법한 행동을 무심코라도 해서는 안 된다.

엄마가 되고 좋은 부모가 되는 것은 어렵다. 살펴야 할 것도 많고, 고려해야 할 사항도 많다. 그러나 아이의 입장을 헤아리고 관계를 살피며 나아가다 보면 어느새 듬직하게 커 있는 아이를 흐뭇한 눈으로 바라보는 행복한 엄마가 되어 있을 것이다. 엄마의 길은, 어렵지만 걷다 보면 이보다 행복하고 보람된 길이 또 있을까 싶을 정도로 즐거운 길이다. 이 책을 읽는 모든 엄마가 나와 함께 행복한 육아의 길을 걷기를 바란다.

05

결과보다
과정 중심의
칭찬을 한다

'칭찬'은 효과적인 육아에 매우 유용한 도구이다. 엄마는 아이를 칭찬함으로써 자신이 아이를 바라보는 시각을 긍정적으로 전환할 수 있고, 아이는 엄마의 칭찬을 들으면서 자존감을 향상시킬 수 있다. 그래서 많은 상담사가 엄마들에게 아이를 칭찬할 것을 주문한다.

그러나 모든 도구가 그렇듯 도구의 사용에는 적절한 사용 방법이 있다. 좋은 도구도 잘못된 방법으로 사용하면 오히려 엄마와 아이에게 좋지 않은 영향을 미친다. 좋은 마음으로 사용하지만 엄마도 인식하지 못하는 사이 가장 안 좋은 영향을 받을 수 있는 도구가 바로 '칭찬'이다.

아이를 지적하거나 잔소리하거나 혼내는 버릇이 있는 엄마들은 오히려 자신이 무엇을 잘못하고 있는지 정확히 알고 있는 경우가 많다. 잘못된 점은 확실히 알고 있으나 좋은 행동으로 개선하지 못하고 있을 뿐이다. 반면에 평소 칭찬을 많이 하는 엄마는 자신이 무엇을 잘못하고 있는지 알지 못하는 경우가 허다하다. 오히려 스스로를 훌륭하고 바른 엄마로 인식하고 있기 때문에 문제점을 고쳐나가기가 더욱 어렵다.

요즘에는 '적당히' 하는 유형의 아이들이 많다. 아이의 능력을 객관적으로 따져봤을 때 더 많은 성과를 얻을 수도 있을 것 같고, 더 많은 도전을 할 수 있을 것 같은데 '적당히'만 하려고 한다. 이들은 자신의 노력과 결과 사이에서 어른들의 반응을 살펴보고 현실적으로 가장 좋은 방법을 선택한 것이라고 볼 수 있다. 성빈이가 그렇다.

초등학교 5학년인 성빈이는 밑으로 동생 둘을 두고 있다. 잠깐 나눈 이야기로도 성빈이가 영리하고 판단력이 빠르다는 것을 느낄 수 있다. 성빈이 엄마는 아이가 능력도 많고 영리한 것 같은데 전혀 새로운 것을 시도하려 하지 않는다며 속상해했다.

"좋은 기회가 주어져도 그냥 회피하려고만 하고 공부도 적당히만 하려고 해서 정말 속상해 죽겠어요."

성빈이에게는 초등학교 2학년인 남동생이 있다. 남동생은 자유분방하고 활동적이며 다소 산만한 성품이어서 부모는 드러내지는 않으나 걱정이 끊이지 않는 편이었다. 반면 초등학교 4학년인 여동생은 귀엽고 사랑스럽고 유순한 성품이어서 전반적으로 사람들에게 사랑받는 편이었다.

어릴 때부터 영리했던 성빈이는 유독 아빠의 사랑을 많이 받고 자랐다. 아빠는 어떤 면에서건 좋은 성과를 내는 성빈이를 자랑스러워했고 성빈이도 아빠의 기대에 부응하며 성장했다. 그러나 부모는 은근히 항상 더 좋은 성과를 기대했다.

어느 순간 아이는 자신보다 뛰어나고 잘하는 아이들이 많고, 자신이 못하는 것도 많음을 알게 되었다. 그럼에도 불구하고 부모의 사랑을 계속 받고 싶었던 성빈이는 자신이 잘할 수 있는 것에만 집중하기로 선택했다. 맏이로서 동생들 앞에서 잘하지 못하는 모습을 보이기 싫었던 탓에 '적당한 선'을 찾아 줄다리기를 하고 있었던 것이다. 성품으로 사랑받는 여동생과 달리 자신은 성과로 사랑받았기 때문에 자신이 할 수 있는 분야에서 적당히 좋은 성과를 내되 너무 잘하지는 않도록 조절하는 것이었다. 너무 잘했다가는 다음번에 좀 못했을 때 실망감을 줄 수 있기 때문이다.

이와 반대인 유형의 아이들도 있다. 매번 시험 때마다 너무 잘하기 위해 지나친 스트레스를 받는 경우이다. 시험을 못 봤다고 혼내는 것

도 아닌데 시험 기간이 다가오면 점수가 잘 나오지 않을까 봐 걱정이 되어 식욕도 떨어지고 의욕도 없어진다. 성과가 좋지 못하면 사랑받지 못할 것이라는 생각이 아이를 불안하게 만들고 지나친 스트레스에 빠져들게 한다.

그렇다면 어떻게 칭찬을 해야 아이에게 독이 아닌 약이 될까? 칭찬을 효과적으로 하기 위해 몇 가지 지켜야 할 것이 있다.

첫째, 칭찬을 남발하지 않는다.

칭찬은 아이도 부모도 객관적으로 볼 때 칭찬받을 만할 때 해야 한다. 아이도 내심 별로 잘한 것 같지 않은데 칭찬을 들으면 부모의 칭찬이 진심이 아님을 눈치챈다. 그저 입에 발린 칭찬으로 받아들이게 되면서 그 후의 다른 상황에서의 칭찬도 진심으로 여기지 않게 된다. 즉, 칭찬을 해도 효과가 전혀 없게 되는 것이다.

진심이 담기지 않은 칭찬을 자주 남발하면 아이는 부모의 칭찬을 의심하고 믿지 못한다. 아이는 부모가 자신에 대해 객관적인 평가를 내릴 수 없다고 판단한다. 자신이 진짜 잘한 것인지 확신하지 못한 채 자신에 대해 평가해줄 다른 대상을 찾는다.

실제 상담 사례에서 "엄마는 엄마 자식이니까 뭐든지 잘해 보이고 예뻐 보이는 거겠죠"라고 말하는 아이가 많다. 칭찬을 많이 해줘도 아이의 자존감이 낮다면 이런 경우가 아닌지 점검해봐야 한다.

둘째, 구체적인 칭찬을 한다.

보통 부모의 칭찬은 한정되어 있다. "최고야!", "멋져!", "잘했어!",

"착해!", "예뻐!", "짱이야!" 등이다. 아이에게 칭찬의 효과가 나타나지 않는 이유는 이런 칭찬이 아이에게 정확한 방향을 설정해주지 못하기 때문이다. 가령 그림을 그린 아이에게 "우와 멋지다, 잘 그렸어"라고 칭찬하는 것과 "미령이 그림은 색깔이 선명하고 깨끗하게 칠해져 있어서 보기 좋아"라든가 "너는 사람을 마치 살아 있는 것처럼 생동감 있게 그리는구나" 등의 칭찬은 그 가치가 매우 다르다.

아이들이 어쩌다 그린 그림에 그저 "멋지다. 잘했어" 등의 칭찬을 하면 자신이 무엇을 잘하는지 어떤 점이 멋진지 잘 모른 채 지나갈 수 있다. 한마디로, 자신의 장점을 특화할 수 없다는 것이다. 그러나 구체적인 특징을 잡아서 칭찬해주면 아이들은 자신의 장점을 인식하게 된다. 그래서 다음에 또 그림을 그릴 기회가 있으면 마음속으로 생각한다. '엄마가 나는 색을 잘 칠한다고 했지', '나는 사람을 잘 그리니까 더 멋지게 그려봐야지' 하고 자신의 장점을 더욱 극대화하려고 노력한다. 이런 식의 칭찬이 많아지면 자신감 있고 적극적인 아이가 되고 아이 스스로도 자신의 재능을 발견하기가 쉽다.

"아이가 잘하는 것이 하나도 없어요"라고 말하는 엄마들은 평소 아이에게 구체적인 점을 칭찬하는 버릇을 들여보자. 머지않아 아이의 재능이 발견되고 재능이 특화되는 모습을 볼 수 있을 것이다.

셋째, 결과보다는 과정을 칭찬한다.

아이들이 시험을 보거나 경시대회 등에 참석하여 좋은 성적을 거두면 대부분 "우리 아들 잘했어. 훌륭해" 등의 칭찬을 한다. 아이가 잘한 것에 대해 어떻게든 칭찬하고 넘어가고 싶은데 칭찬에 대한 요령이 없어 간략히 칭찬하는 것이다. 부모의 의도와 상관없이 이런 칭찬은 결과를 칭찬하는 것으로 들리고 아이들은 '엄마는 좋은 성적을 얻는 것을 좋아하셔. 엄마한테 칭찬받으려면 좋은 성적을 받아야 해'라고 생각하게 된다.

이제부터는 결과보다는 과정을 칭찬하면 어떨까?

"경시대회 준비하는 동안 놀고 싶은 것도 참고 목표를 향해 노력하는 모습이 정말 좋았어."

"중간고사를 준비하는 동안 너 스스로 시험공부를 계획하고 실천하는 모습이 대견하더라."

이렇게 과정을 칭찬하면 아이들은 '엄마는 내가 목표를 이루기 위해 노력하는 것을 좋게 생각하셔. 그런 자세는 좋은 거야' 혹은 '엄마는 내가 내 일을 스스로 알아서 계획하고 실천하는 것을 훌륭하다고 생각해. 나는 그런 능력이 생겼어' 등으로 생각하게 된다.

아이에게 결과에 대해서만 칭찬을 하면 부작용이 따르게 마련이다. 좋지 않은 결과를 얻게 될 것이 예상되거나 좋은 성과를 낼 가능성이 희박한 상황에서 회피하는 자세를 갖는 것이다. 그러나 과정에 대해 칭찬을 하면 자신의 좋아지고 있는 모습에 고무되고 스스로 발전적인 모습을 갖기 위해 노력하게 된다.

지금 당장 좋은 결과를 얻는 것은 아이의 인생에서 한정된 기회를 주지만 아이가 스스로 노력하는 자세를 갖도록 하는 것은 무궁무진한 기회를 만드는 원동력이 된다. 칭찬은 아이를 잘 성장할 수 있도록 돕는 훌륭한 도구이다. 칭찬을 좀 더 정확하게 활용한다면 아이를 큰 힘 들이지 않고 변화시킬 수 있다.

06

일관성 있는
양육 원칙을
가진다

"부모의 양육 태도에 일관성이 있어야 합니다."

여기저기서 이런 말을 한다. 일관성이 없으면 좋지 않은 부모라는 이야기를 자주 듣는다. 꼭 상담실에 찾아오는 엄마가 아니라도 주변에서 만나는 엄마들과 이야기를 하다 보면 엄마들이 일관성과 관련해서 참 많은 죄책감을 가지고 있음을 발견한다.

그런데 우리의 일상에서 항상 일관된 모습을 보이기란 얼마나 어려운 일인가! 대한민국에서 매 순간 일관성 있는 모습으로 살아가는 엄마가 과연 얼마나 될까? 그것이 과연 가능한 일이긴 한가?

아이에게 "게임은 절대로 해서는 안 돼"라고 말했지만, 며칠 안 돼 가족 모임에서 무료함에 짜증을 부리는 아이를 발견하고는 유혹에 흔들리게 된다. 엄마는 생각한다.

'가족 모임에서 시끄럽게 굴어 민폐를 끼치는 것보다 게임을 한 번

허용해서 조용하게 만드는 것이 모두를 위해 좋은 일 아닐까?'

그러고는 아이에게 말한다.

"이번 한 번만 주는 거야. 다음엔 안 돼!"

그런데 이런 일관성이 비단 아이와의 관계에서만 안 지켜지는 것일까? 우리는 자주 어떤 것을 실행하겠다고 정한다. 예를 들면 가장 흔히 실천하고자 하는 다이어트를 보자.

다이어트를 처음 결심할 때는 원대한 목표를 갖는다. '10킬로그램 감량', '55사이즈 진입' 등 목표도 구체적이다. 원대한 목표도 세우고 하루하루 열심히 실천해간다. 이번에는 꼭 10킬로그램을 감량하겠다고 결심했는데 며칠 후 친구들과의 모임에서 커피에 함께 나오는 조각 케이크를 보며 우리는 생각한다.

'친구들도 있는데 다이어트한다고 너무 티내는 것도 우습잖아. 조금만 먹고 저녁에 굶지, 뭐.'

이쯤에서 우리가 '일관성'을 가져야 하는 대상에는 무엇이 있으며 '일관성 있는 양육 원칙'이란 무엇인지 생각해봐야 한다. '일관성'이라는 이름을 너무 많은 곳에 붙여놓고 허덕이고 있는 것은 아닌지 점검해보아야 한다.

어느 날 게임에 푹 빠져 있는 아이를 보며 갑자기 문제의식을 느낀 엄마가 강력한 멘트를 날린다.

"너 앞으로 한 번만 더 게임을 하면 엄마가 가만두지 않겠어!"

이것은 이 가정에 일관성 있는 규칙이 될 수 있을까? 모두 짐작하겠지만 이것은 규칙이 되기 어렵다. 가정에서 일관성 있는 규칙으로 지켜지려면 보편타당해야 한다. 그리고 지속 가능해야 하며 가족 모두 그 규칙에 동의하고 지킬 의사가 있어야 한다.

'밥을 먹고 간식을 먹는다'라는 규칙을 일관성 있게 지키고 싶다면 그 규칙에 대해 가족들이 수긍하고 따를 의사가 있어야 한다. 아이가 이에 반기를 든다면 꾸준히 아이를 설득하는 과정이 필요하다. 그래서 결국 아이도 자신을 위해 이 규칙을 지킬 준비가 되어 있어야 한다.

'저녁 식사는 꼭 집에서 한다'라는 규칙을 일관성 있게 지키고 싶다면 집안의 양대 산맥인 엄마와 아빠가 우선적으로 이 규칙에 동의하고 지켜나갈 마음이 있어야 한다. 부모가 서로 의견도 맞추지 못한 것은 일관성을 가진 규칙으로 자리 잡기 매우 어렵다.

엄마가 아이에게 어떤 규칙을 지켜나가게 하고 싶다면 그 규칙에 대해 우선적으로 아빠와 상의해서 합의를 끝내는 것이 필요하다. 그래서 부모가 같은 의견으로 도출된 규칙임을 아이들에게 알리는 작업을 해야 한다.

많은 엄마가 일관성을 지키지 못하는 가장 큰 요인이 바로 아빠의 방해 공작이다. 아빠가 보기에 별로 의미도 없는 규칙을 가지고 아이를 힘들게 하는 것으로 비춰지면 아빠는 수시로 엄마의 규칙을 무시하고 돌출적인 상황을 만들어낸다. 그러나 아빠가 의견에 동조하는 경우는 완전히 다른 장면이 연출된다. 엄마가 가끔 돌출적으로 규칙을 어기려고 해도 아빠가 나서서 규칙을 지킬 것을 종용하게 된다.

지금껏 만난 부모들의 경우, 의외로 아빠들은 어떤 것을 받아들이면 참 열심히 지켜나가는 일면이 있다. 오히려 즉흥적이고 돌출적인 성향은 엄마들이 좀 더 많이 가진 듯하다. 물론 이것도 개개인마다 모두 다르겠지만 말이다.

어찌되었든 규칙에 대해 부모가 같은 의견이면 잘 지켜나갈 확률도 몇 배로 높아지고, 엄마들이 일관성을 못 가진다고 혼자서 죄책감을 짊어지지 않아도 된다.

부모가 서로 의견을 맞췄더라도 난관은 있다. 간혹 발생하는 돌발 상황이 그것이다. '저녁 식사는 꼭 집에서 한다'라는 규칙을 잘 지켜나가고 있는데 어느 날 지인의 초대를 받는다면 어떻게 할 것인가?

꼭 기억해야 할 것은 어떤 규칙이든 돌발 상황을 만날 수 있다는 사실이다. 그리고 그 돌발 상황에 각 가정의 방식으로 유연하게 대처하는 것이 규칙을 일관성 있게 지켜나가는 데 중요하다.

지인이 초대했더라도 우리 집의 규칙을 고수하며 집에서 식사할 것을 고집하면, 가족 구성원 중 누군가는 이 규칙에 대해 불평하는 마음을 갖게 된다. 그렇게 생긴 불평의 마음은 언젠가는 반드시 불거져 나올 것이다. 그때에는 이 규칙 자체에 대한 대대적인 재검토 작업에 착수하여야 한다.

또는 자신들이 지켜오던 규칙인데도 불구하고 아무런 협의도 없이 지인의 초대에 응한다면 어떻게 될까? 아이들은 아마 다음에도 이 규칙은 쉽게 깨질 수 있는 것으로 받아들일 것이다. 그래서 그것과 비슷해 보이는 상황마다 이 규칙을 깨고 일탈적인 행동을 할 것을 조르고 원할 것이다.

그렇다면 어떻게 해야 할까? 부모에게 조금 더 많은 권한이 있겠지만 가족 구성원 모두가 지켜나가는 규칙은 가족의 합의로 도출해야 하는 것이 답이다. 돌발 상황이 발생하면 잠시나마 가족들이 머리를 맞대고 어떻게 해야 할지를 논의해야 한다.

보통 '일관성을 지켜나가야 한다'라고 하면 부모가 모든 규칙을 정하고 아이들이 그 규칙에 맞게 행동하는지 감시하고 행동하도록 종용하는 것으로 생각한다. 마치 아이들을 잘 억압하고 부모 말을 잘 듣게 하는 것이 '일관성 있는 부모'의 표상으로 비춰진다. 그러나 이것은 옳지 않다.

힘들더라도 아빠와 공조하여 공통 의견으로 만들어낸 규칙이라면 이번엔 아이들과의 합의를 이끌어내야 한다. 규칙의 필요성에 대해 설명하고 앞으로 잘 지켜줄 것을 부탁해야 한다. 부모가 일방적으로 정한 규칙이라면 얼마 못 가서 금세 아이들의 반항적인 행동으로 벽에 부딪힌다. 아이들은 그것을 억압으로 받아들이기 때문이다.

이렇게 모든 가족 구성원이 어떤 규칙을 정성껏 만들어 지켜왔는데 돌발 상황이 벌어졌다면 이렇게 물어야 한다.

"우리 집에는 외식을 하지 않는다는 규칙이 있잖아. 그런데 이모가 외식을 하자고 청해왔는데, 어떻게 하면 좋을까? 엄마도 난처하네. 너희는 어떻게 했으면 좋겠니?"

이 질문에 가족들이 이런저런 의견을 내면 서로 합의하여 결론을 내면 된다. '이번에는 가자'로 얘기가 되었다면 또 한 번 엄마의 걱정을 말하자.

"그러면 우리의 규칙이 깨지는 건데, 어떻게 하면 좋지?"

아이들이 "이번에는 가고 다음부터는 가지 말아요" 등의 대답을 하면 "그래. 그럼 그렇게 하자꾸나"라고 결론 지으면 된다.

이런 과정을 거쳐서 만들어진 규칙이라면 일단 지켜질 확률이 높아진다. 그리고 가끔 일탈적 상황이 발생하더라도 다시 제자리를 찾을 수 있다.

이런 방식으로 하나씩 규칙이 집안에 자리 잡게 해야 한다. 엄마가 '일관성'이라는 짐을 혼자서 지고 걷는 것은 어리석은 짓이다. '일관성' 있는 규칙을 즐거운 마음으로 지켜나가기 위해 가족 모두가 함께 노력해야 한다. 그렇게 될 때 질서와 평화, 절제와 포용을 동시에 지닌 행복한 가정의 모습이 피어날 것이다.

엄마의 행동에 대한 이유와 목적을 설명해준다

"엄마, 왜 이거 풀어야 하는데? 안 풀면 안 돼? 검사도 안 하는데 꼭 해야 돼?"

"잔말 말고 하라면 해!"

초등학교 4학년인 순미는 오늘도 엄마와 숙제를 하느냐 마느냐로 실랑이를 벌이고 있다. 친구가 많은 순미는 학교에서도 집에서도 친구들과 놀 궁리에 빠져 있다. 이런 순미를 바라보는 엄마는 속이 타들어 간다. 학교 성적은 나날이 떨어지는데 순미는 관심도 없다. 심지어 숙제를 해가지 않으면 벌을 받는데도 순미는 그냥 벌 한 번 받고 말겠다는 태도이다.

상담 내내 순미 엄마는 속상하고 답답한 마음을 내보였다. 순미 엄마에게 물었다.

"어머니는 순미가 숙제를 하지 않거나 성적이 떨어지는 것을 많이 걱정하시는데, 정확히 순미가 어떻게 될까 봐 걱정하시는 건가요?"

"제 학년에 배워야 하는 것을 제대로 버우지 못하고 나중에는 따라 잡지 못해 공부를 포기하게 될까 봐 걱정되고요. 성실하게 학교생활을 하지 못할까도 걱정됩니다."

나는 이렇게 말했다.

"지금까지 어머니는 윽박지르거나 지시하거나 혼내는 방식으로 순미의 태도를 고쳐보려고 하셨는데 잘되지 않았죠? 이번에는 이렇게 하면 어떨까요? 어머니가 걱정하고 있다는 것을 순미와 깊이 있게 이야기를 나눠보시고 함께 이 문제를 해결하기 위해 협상하는 방법으로 해보는 거예요."

일주일 후 순미 엄마는 기쁜 표정으로 상담실을 들어섰다. 내 조언 대로 순미와 이야기를 나눴는데 공부하는 양과 시간을 정해 규칙적으로 지키겠다는 약속을 했다는 것이다.

많은 부모가 아이의 태도를 빨리 개선시키고자 하는 조급한 마음에 윽박지르고 비판하고 지시하고 협박하는 등의 방법을 사용한다. 그러나 그렇게 해서 아이의 태도가 바뀌는 경우는 거의 없다. 잠깐 동안은 바뀌는 듯 보여도 돌아서면 아이는 또 전과 같은 태도를 취한다.

아이가 태도를 바꾸려면 아이의 마음속에서 바꾸고자 하는 동기가 생겨야 하고 아이 스스로 마음을 먹어야 한다. 이것은 매우 느리고 더딘 방법이어서 많은 인내심이 요구된다. 그러나 아이에게 스트레스나 상처를 주지 않고 스스로 변화하게 만들기에 가장 효과적인 방법이다.

아이의 마음속에 동기가 생기게 하려면 엄마의 걱정과 생각을 진심으로 전해야 한다. 엄마는 아이에게 어떤 것을 지시하거나 야단치기 전에 어떤 점을 걱정하고 있으며, 원하는 것이 무엇인지, 자신의 마음 속을 깊이 들여다보는 게 중요하다. 의외로 엄마들에게 어떤 점이 걱정되며 진실로 자신이 원하는 것이 무엇이냐고 물으면 시원하게 답하지 못하는 경우가 많다. 그에 대해 깊이 생각해보지 않은 탓이다. 그러나 아이의 훈육에서 부모가 자신의 내면을 들여다보는 일은 매우 중요하다. 이 과정을 통해 아이의 교육에 대한 가치관을 정립할 수 있기 때문이다.

성민이의 경우, 엄마가 아이에게 자신이 어떤 것을 걱정하며 어떤 교육을 하고 싶은지에 대해 아이에게 설명하는 것으로 좋은 성과를 얻었다.

성민이는 감정 기복이 심한 편이다. 초등학교 3학년 남자아이인데도 매우 예민하고 섬세해서 자주 삐치고 속상해한다. 성민이의 엄마는 조용하고 말수가 적은 편이었다. 성민 엄마는 성민이가 일단 감정이 상하면 너무 오래가는데, 감정이 상하는 일들을 보면 아주 사소한 것이라고 했다.

그런데 성민이와 성민 엄마의 실랑이를 목격하면서 나는 성민이의 성향이 점점 더 예민해지는 이유를 찾을 수 있었다. 어느 날 상담실에 온 성민이는 잔뜩 화가 나 있었다. 성민 엄마에게 이유를 물으니 상담실로 오는 도중 성민이가 '유희왕 카드'를 사달라고 했는데 성민 엄마가 안 된다며 야단을 쳤다고 한다. 성민이는 그때부터 화가 나 툴툴댔단다. 엄마에게 왜 사주지 않았는지 물으니, 돈을 함부로 쓰는 것은 좋지 않은 버릇이기에 나쁜 습관이 들까 봐 걱정이 되어서였단다.

그러나 성민 엄마는 성민이에게 카드를 사주지 않으면서 자신이

왜 그런 행동을 하는지, 어떤 것이 걱정되고, 자신은 어떤 교육 방침이 있는지를 설명해주지 않았다. 이럴 경우 아이는 부모에게서 거절당하고 권위에 억눌린 것이라고 인식한다. 억울하다는 생각에 엄마가 전해주고자 하는 교훈을 제대로 받아들이지 못한다.

성민 엄마에게 다음에는 성민이한테 엄마가 어떤 생각에서 사주지 않는지에 대해 꼭 이야기해줄 것을 조언했다. 그 후 성민 엄마는 자주 성민이에게 알아들을 수 있도록 자세하게 자신의 교육 방침을 설명했고, 성민이는 그런 엄마를 이해하기 시작했다. 자연히 짜증도 많이 줄어들었다.

어느 날 상담 시간, 엄마가 콧하게 하는 것이 많아 속상하지 않은지 성민이에게 물었다. 그러자 성민이는 엄마가 자신을 사랑해서 그런 것이라며 이해한다고 대답했다.

아이에게 부모의 교육 방침을 자주 이야기해주는 것은 매우 중요한 일이다. 부모의 태도가 명확하게 예상될 때 아이들도 미리 예측해 협상을 해볼지 타협을 할지 등을 결정하고 시도할 수 있다.

어떤 부모는 '절약'과 '근면', '성실'을 중요하게 생각해 아이가 돈을 쓰는 행동을 통제하기도 하고, 어떤 부모는 '절약'보다는 '좋은 경험'을 중요하게 생각하는 나머지 돈이 들더라도 여러 경험을 할 수 있게 한다. 아이들은 이런 부모의 가치관을 알고 있을 때 좀 더 편안하게 자신의 태도를 결정할 수 있다. 또 아이에게 엄마의 생각과 가치관, 행동의 이유와 목적을 설명하는 것이 바람직하다. 그렇게 하는 것이 아이의 불안을 많은 부분 감소시켜주기 때문이다. 즉, 부모가 무슨 이유로 아이에게 이런저런 것을 하거나 하지 말라고 하는지 아이도 알아야 좀 더 편안하고 안정된 생활이 가능하다.

아이들은 여러 이유로 불안감을 느낀다. 낯선 장소, 낯선 사람, 낯선 과제, 낯선 접촉 등 많은 것에 불안해한다. 이럴 때 엄마들이 이후에 벌어질 일들과 그 일들을 해야 하는 이유를 설명해주면 아이들은 이유와 목적에 부합해 용기를 내고 불안함에 대비할 마음의 준비를 할 수 있게 된다.

한 엄마가 초등학교 2학년 아들 때문에 도저히 식당에 갈 수가 없다고 토로했다. 식당에만 가면 아들이 이리저리 뛰고 예의 없게 행동하는 통에 신경이 쓰여 제대로 식사를 할 수가 없다는 것이다. 심지어 마지막에는 꼭 아이를 혼내서 데리고 나온다고 말한다.

나는 이렇게 조언했다.

"식당에 가기 전에 먼저 아이에게 왜 우리가 식당에 갈 것이고, 그

곳은 어떤 곳이며 어떤 사람들이 있을 것인지, 그곳에서 지켜야 할 예절에 관하여 잘 설명해주세요. 그리고 예의를 지키지 않으면 엄마는 어떤 마음 상태가 되는지 설명해주고, 예의에 어긋나는 행동을 하면 엄마가 어떤 조치를 취할 것인지를 미리 예고해주세요. 이런 엄마의 설명만으로도 아이는 조심하게 됩니다."

엄마는 식당에서 예전과 같은 일이 생길 경우 어떻게 하면 좋을지 아이와 미리 정하고 가는 것이 좋다. 엄마가 일방적으로 "이렇게 하겠어"라고 통보하는 것이 아니라 또 이런 일이 생겨서 엄마가 참을 수 없게 되었을 때 어떻게 하면 좋을지 의견을 말해보라고 하는 것이다. 아이가 의견을 냈다면 그것대로 시행하면 되고, 의견이 미흡하다고 느낄 경우는 엄마가 아이의 의견을 들어서 수정하면 된다.

아이와 이런 타협을 하면 현장에서 잔소리하고 야단치는 것보다 효과적이다. 아이들은 자신들이 받을 벌칙을 스스로 정하면 식당에 가서 떠들거나 뛰지 말아야겠다는 동기를 마음에 더 강하게 심는다. 이렇게 준비하고 행동했을 때 정해진 벌칙대로 꾸중을 들으면 아이들은 반발심 없이 받아들이고 수긍한다.

아이의 잘못된 행동에 무턱대고 화내며 야단쳐선 안 된다. 그 전에 엄마는 자신의 행동이 진정으로 어떤 부분이 걱정되어서 하는 행동인지, 자신의 교육에 관한 가치관은 무엇이며, 어떤 양육 방침을 가지고 있어야 할지를 깊이 생각해봐야 한다. 그래야 아이를 감정적으로 대하지 않고 진정으로 아이의 입장에서 훈육할 수 있다. 엄마의 태도가 바뀌면 아이도 달라진다는 것을 기억하자.

아이와
공감하는 대화를
한다

"아이의 말에 공감해주다가도 아이가 금세 화제를 바꾸어 다른 말을 해버리는데 이럴 때 그냥 아이의 말을 들어주어야 하나요? 아님 아이가 속상했던 문제로 다시 이야기를 돌려서 계속 공감해주어야 하나요?"

나에게 '부모와 자녀의 대화법' 강의를 들은 후 한 엄마가 질문을 해왔다. 초등학교 1학년 자녀를 둔 엄마였다. 그날 강의의 주제는 '반영적 경청, 공감해주기'였는데 이 엄마는 경청이나 공감을 언제까지 어느 정도나 해야 하는지, 그리고 공감의 주제가 계속 변할 때에도 지속적인 공감이 의미 있는지를 궁금해했다.

나는 아이가 아직 어리고 산만한 연령적 특성 때문에라도 아이가 두서없이 이야기를 하더라도 계속 들어줄 것을 조언했다. 한 주마다 강의를 들은 것을 실천에 옮기고 과제로 정한 내용을 발표하는 시간이 있다. 그 엄마는 실행 결과, 대화를 하면서 생전 처음으로 아이의 마음 속에 들어간 듯한 느낌을 받았다고 했다.

아이가 처음엔 친구가 자기를 때렸다며 친구 험담을 한참 하더니 갑자기 사실은 친구가 때려서 자기도 친구에게 소리를 지르고 때렸다고 말했다. 그런데 선생님이 앞의 내용은 못 보고 자기를 혼내서 억울했단다. 그렇게 한참을 맞장구를 쳐주며 공감 대화를 이어가니 난데없이 반의 예쁜 여자아이 이야기를 한참 늘어놓더란다. 그러더니 자기가 그 여자아이를 좋아한다는 사실을 엄마에게 조심스레 고백하는 것이었다. 그 여자아이네는 평소 알고 지내던 집이었는데 마침 그날 그 여자아이 엄마에게 전화가 와서 함께 놀게 하면 어떻겠냐고 물었다. 그렇게 해서 자연스레 그 여자아이와 놀 수 있게 해줌으로써 엄마는 아들에게 점수를 땄다고 했다.

그 엄마는 예전 같았으면 친구가 때렸어도 같이 때리면 안 된다거나, 어떤 방식으로 때렸냐고 묻거나, 다음엔 이러저러한 방식으로 대처하라거나 하는 식으로 대화를 끝내버렸을 일이었다고 했다. 그러나 아이가 이끄는 대로 대화를 따라가며 공감을 해주었더니 의외의 이야기들을 듣게 되었다고 했다. 그 엄마는 아이와 대화한 소감을 이렇게 평했다.

"아이와 좀 더 깊이 친해진 느낌을 가질 수 있었어요. 아이가 어떤 것에 관심을 가지고 있는지 알게 되었고 또 그걸 알게 되니까 아이가 진짜 원하는 도움을 줄 수도 있었습니다."

대개 아이들이 하는 말 속에는 전달하는 내용과 다른 의미가 감춰져 있는 경우가 많다. 그래서 엄마가 아이의 말을 중간에 자르지 않고 충분히 들어주면 아이는 마음을 열고 다가온다.

나는 자녀와 소통이 되지 않아 답답해하는 엄마들에게 다음 두 가지를 조언한다.

첫째, 아이 감정의 크기만큼 공감하도록 노력하라.

엄마는 큰일이라고 생각하는데 아이는 대수롭지 않게 여기는 일이 있다. 반대로 아이는 매우 큰 감정 속에 빠져 있는데 엄마는 별일 아닌 것으로 여겨 대충 넘겨버리는 경우도 있다. 아이와 공감 대화를 할 때 두세 번의 공감 대화로 아이의 감정 정화가 끝나버릴 수도 있고, 더 많은, 더 깊은 대화를 해야 할 때도 있다. 언제 짧게 할지 언제 길게 할지를 결정하는 것은 전적으로 아이에게 달려 있다.

성향에 따라 혼나거나 싸우거나 지적받아도 무던하게 넘기는 아이들이 있다. 이들은 눈치가 없어 보이고, 느리고, 여러 모로 빈틈이 많아 보인다. 그러나 의외로 이들은 타인의 시선보다는 자신의 느낌, 자신의 생각, 자신의 가치관 등을 중요하게 생각한다. 그리하여 다른 사람들이 아무리 간섭해도 자신의 생각이 서면 확고하게 밀어붙이는 힘을 가지고 있다.

그런데 예민한 엄마들은 자신이 그 상황이었다면 매우 큰 감정을 가졌을 것이므로 아이에게 자신의 생각이나 바람을 강요하는 경우가 종종 있다. '사실은 이 정도를 느껴야 정상'이라는 식으로 말이다. 그리고 아이의 감정까지 교정해주기 위해 고군분투한다. 학교에서 있었던 작은 일들도 꼬치꼬치 캐물어 어떻게 느껴야 하는지 교정해주고 바로잡으려고 한다. 결국 이런 엄마의 성향에 아이들은 2차 피해를 보게 된다.

아이가 별일 아니라는 생각에 넘긴 일을 엄마가 들춰서 상대가 너를 어떻게 생각할 것이며 그럴 때 이 정도의 반응은 했어야 하지 않느냐 등의 말을 한다면 아이의 마음은 어떨까? 게다가 엄마가 도리어 당사자인 아이보다 더 힘들어하고 상처를 받는 경우, 아이들은 자괴감을 느끼게 된다. 감정 표현 자체를 할 줄 몰라서 가르쳐야 하는 상황이 아니라면 아이의 감정을 엄마 자신의 기준에 맞추어 부풀리거나 축소하는 행동은 자제해야 한다.

엄마는 아이가 느끼는 만큼 반응해주고 아이의 생각을 따라가면서 공감할 수 있어야 한다. 엄마의 생각과 다르게 아이가 어떤 일을 크게 느끼고 있다면 엄마는 아이의 느낌에 공감해줄 수 있어야 한다.

둘째, 엄마가 아이의 행동과 감정에 대해 판단하지 말라.

아이가 감정의 소용돌이에 빠져 있을 때는 그 혼돈에서 빠져나올 수 있도록 도와주어야 한다. 어떤 행동이 옳고 그른지를 가르치는 것은 그 후에 할 일이다. 많은 엄마가 공감 대화에 실패하는 가장 큰 이유는 아이의 상황을 전해 듣고 너무 빠르게 판단을 내리기 때문이다.

대한민국의 엄마들은 똑똑하다. 교육 또한 많이 받아 상황 판단도, 대처도 빠르다. 남성들과 다르게 여성들은 관계에 민감하고 상황을 다각도로 분석할 줄 안다. 그러나 이런 영민함이 아이의 교육에서는 오히려 걸림돌이 될 때가 많다. 느긋하게 기다리고 천천히 들어주는 일에 서툰 것이다. 쉽게 말해, 지혜롭지 못하다.

영민함과 민첩함이 가져오는 섣부른 판단은 아이의 감정을 축소하거나 확대하기 쉽다. 어떤 행동이 옳고 그른지를 가르치고 싶어 조급한 마음이 되기 십상이다. 엄마의 마음이 조급해지면 아이의 마음에 전적으로 공감할 수 없다. 마치 숙제하듯이 공감을 하고는 속히 훈육으로 돌입한다.

어설픈 공감으로 조언이나 충고를 하면 아이는 잔소리로 받아들인다. 아이와 공감하는 대화를 하고자 한다면 전적으로 아이의 입장에서 아이의 말을 들어주는 것에만 초점을 맞추어야 한다.

'부모와 자녀의 대화법'을 강의하다 보면 엄마들로부터 다양한 질문을 받는다. 초등학교 저학년 아이를 자녀로 둔 엄마들은 주로 이런 질문을 한다.

"아이가 선생님이 나쁘다고 저에게 와서 흉을 보는데 제가 맞장구를 쳐주어야 할지, 그렇게 하면 안 된다고 해야 할지 모르겠어요."

이럴 때는 어떻게 하면 좋을까? 많은 경우 무작정 공감해주기 어려운 주제의 대화가 있다. 아직 어린아이라서 집단의 규칙보다는 자신의 욕심을 앞세울 때나 선생님이나 어른, 형 누나의 개념이 희미해서 힘들어할 때 등 어른들은 자연스럽게 체득한 것들이 미숙한 아이들에게는 화나고 속상하고 이해 안 되는 상황으로 다가올 수 있는 것이다.

이럴 때는 우선 아이의 마음을 충분히 이해해주어야 한다.

"선생님 때문에 속상했구나", "○○이 불공평하다고 느껴서 기분이 나빴구나" 등으로 충분히 공감해주는 게 중요하다. 이때 아이의 입장이 되어 함께 맞장구를 쳐주어 '같은 편'이라는 인식을 주는 것도 좋다. 아이의 감정이 어느 정도 가라앉은 듯 보이면 그 후에 선생님은 어떤 생각으로 그런 행동을 했을지, 선생님이 원하는 것은 무엇이었을지를 아이가 짐작해볼 수 있도록 질문으로 가르쳐야 한다.

"선생님은 아이들을 모두 싫어해서 그러셨을까?"

"선생님은 아이들이 좋은 습관을 가지길 원해서 자구 그러시는 걸까?"

"선생님은 어떤 걸 중요하게 생각하시는 걸까?"

그런데 대개의 엄마들은 빨리 좋은 행동을 가르치고자 감정의 공감 없이 먼저 훈육에 들어간다. 아이들이 안 좋은 감정을 가지고 있는 상대편의 입장을 대변하려고 애쓰는 것이다. 이렇게 하면 대부분의 아이들은 엄마가 자신의 처지를 이해하지 못한다거나 자신의 편이 아니라거나 하는 생각에 빠져 엄마의 훈육을 잔소리쯤으로 치부해버린다.

아이의 말에 충분히 공감해즈어야 하는 이유는 아이의 감정을 누그러뜨려 차분하게 엄마의 이야기를 받아들일 감정 상태를 만들어주기 위해서다. 아이가 화나 있거나 흥분한 상황에서는 엄마가 아무리 좋은 말을 해도 귀에 들어가지 않는다. 따라서 어떤 상황에서도 엄마는 자신의 이야기를 잘 이해해줄 수 있고 자신의 편이 되어줄 사람이라는 믿음을 쌓는 것이 무엇보다 중요하다.

엄마를 '같은 편'으로 인식하고 있어야 엄마의 말을 신뢰할 수 있다. 엄마를 '말이 잘 통하는 사람'으로 인식하고 있어야 어떤 이야기든 털어놓을 수 있다. 이렇게 '자기 편'이나 '말이 잘 통하는 사람'이 되기 위한 가장 기초적인 작업이 바로 아이의 입장에서 공감으로 대화하는 '반영적 경청', '공감 대화'이다.

부모부터 텔레비전, 스마트폰 멀리하기

아이가 텔레비전이나 스마트폰에 몰입하는 것을 걱정하는 부모가 많다. 그런데 질문을 바꾸어 부모 스스로는 어떤지 물으면, 자신은 하기는 해도 아이처럼 몰입하지는 않는다는 대답이 돌아온다.

그러나 아이가 보기에는 그렇지 않다. '엄마, 아빠도 다 하면서 자신만 못하게 한다'고 생각한다. 아이가 이미 이렇게 생각한다면 말리는 사람과 하겠다는 사람 간의 공허한 싸움만 지루하게 진행될 뿐 해결이 나지 않는다.

아이가 텔레비전, 스마트폰을 멀리하게 하고 싶다면, 부모가 먼저 그것들을 멀리해보자. 의외로 부모 자신이 이것들을 끊지 못하는 경우가 상당히 많다. 부모는 끊지도 못하면서 어린아이에게는 끊으라고 윽박지르는 것이다.

아이가 텔레비전, 스마트폰에 너무 몰입되어 있는 듯하고 심지어 중독 증세를 보인다면, 그 해결책으로 뭐가 있을까?

중독 상담자들이 제시하는 몇 가지 대안을 살펴보면, 첫 번째로 그것들보다 더 재미있는 것을 경험하게 하고 그런 경험을 다양하게 늘려가는 것이다. 두 번째는 가족 간의 연대감이다. 아이들이 이런 것에 빠지는 요인을 잘 살펴보면 가정 내 구성원들 간의 관계가 좋지 못하거나, 집에 들어와도 각자 자신의 일에 빠져 있어 아이들이 방치되는 경우가 많다.

아이는 호기심과 재미를 추구하며 지루한 시간들을 채우다가 어느새 중독 증세까지 보이게 되는 것이다. 이것을 개선하기 위해서는 집이 즐겁고 편안하며 가족들이 함께 협동할 만한 문화가 있어야 한다. 함께 책을 보고, 수다를 떨고, 보드게임을 하고, 함께 운동을 하거나, 음악을 듣는 것처럼 가족들이 함께하는 기쁨과 즐거움이 충만하면 아이는 텔레비전, 스마트폰에 눈을 돌리지 않는다.

아이가 텔레비전에 빠져 있고, 스마트폰에 몰입되어 있어 다른 일을 하기 힘들어 보인다면, 부모 자신부터 이런 것들을 멀리해야 한다. 그리고 집에서만큼은 가족 구성원에게 집중하여 함께 소소한 즐거움을 만들어가는 일에 집중해보자. "스마트폰 하지 말아라!"라고 천 번 만 번 말하는 것보다 이 방법이 훨씬 더 효과적이다.

가족회의 해보기

아이가 글을 읽고 쓸 줄 알게 되면 가족회의를 해보는 것도 좋다. 가족회의는 여러 가지 이로운 점이 있는데, 가족 구성원 전체가 인격적 대상이 된다는 것이 가장 중요한 이점이다.

가족회의에서는 부모도 발언권을 획득해서 말해야 하고, 어떤 결정을 내릴 때는 모두의 동의가 필요하다. 아이의 의견이 마음에 들지 않더라도 부모라는 입장에서 무조건 무시해서는 안 된다.

이런 가족회의가 지속되면 아이들은 가정 안에서 존중받는 경험을 하게 되고, 안전한 규칙의 테두리 안에서 자신의 의견을 펼치는 일이 가능하다는 것을 배우게 된다. 부모 또한 아이의 의견을 차분히 듣고 인격적으로 반론을 제기하는 경험을 통해 아이를 인격체로 인정하게 된다. 이것이 잘 정착되면 아이의 적극성이나 자존감을 성장시키는 데 많은 도움을 얻을 수 있다.

또 가족회의는 평소 부모가 잔소리해야 하는 문제 행동에 대해 허심탄회하게 논의하여 개선점을 찾을 수 있다.

엄마가 빨랫감을 아무 데나 놓는 것에 문제점을 제기한다면, 가족 구성원은 해결을 위한 좋은 안건을 내놓을 것이고, 자신들이 내놓은 안건은 스스로 지키려고 할 가능성이 훨씬 높기 때문에 결국 잔소리가 줄어들 것이다.

가족회의의 소소한 규칙은 도두 모여 앉아서 정하면 좋지만, 몇 가지 기본적 규칙은 미리 세워두는 것이 좋다.

첫째, 회의 시간과 방법 등에 대해서는 가족 구성원의 의견이 모두 반영되게 정해야 한다. 둘째, 회의 안건은 모두 돌아가면서 올려야 하며, 한 번에 너무 많은 안건을 올리지 않도록 한다. 회의에 참석하지 못할 경우에는 어떻게 할지도 회의를 통해 정해둔다. 셋째, 의장이나 서기 같은 직책은 돌아가면서 하고, 회의를 통해 정한 규칙 등은 잘 보이는 곳에 붙여두고 다음 회의 때까지 실행한다. 넷째, 다음 회의 때 전에 실행했던 안건의 잘된 점과 잘못된 점에 대해 수정 보완하고 더 좋게 할 수 있는 방법에 대해 간략히 이야기를 나눈다. 다섯째, 회의는 다른 구성원을 인신공격하거나 지적하거나 잘못한 점을 노골적으로 비판하기 위한 것이 아니다. 그보다는 모두 다 실행할 더 좋은 방법은 없는가에 초점을 맞춘다.

부모가 아이에게 조언을 구해보기

아이의 자존감을 높여주는 방법 중 '부모가 아이에게 조언 구하기'가 있다. 부모는 강한 척하고 모든 것을 다 알고 있는 척하지만, 실제로는 매 순간 갈등하고 헷갈리고 갈팡질팡한다. 심지어 일상의 정보들에서는 오히려 아이들보다 미약한 경우도 많다.

부모가 하는 사소한 부탁을 아이가 성실히 수행해서 유능감을 얻게 된 사례가 많다. 영어를 하나도 모르는 부모가 아이에게 자꾸 영어서류 번역을 시켜서 영어에 대한 유능감을 획득하게 하기도 하고, 컴퓨터를 하나도 못하는 엄마가 아이에게 부탁을 하여 이것저것 조작하면서 유능감이 개발되어 장래의 꿈을 키우기도 한다.

유능감이란, 자기가 스스로를 어떤 능력에서 뛰어나다고 느끼는 감정이다. 똑같이 수학 100점을 맞아도 유능감이 높은 아이는 자신이 수학적 능력이 있다고 느끼지만, 유능감이 없는 아이는 우연히 시험이 쉽게 나와서 100점을 맞았을 뿐 자신이 수학에 재능이 있거나 잘한다고 생각하지 않는다.

　유능감은 삶에서 매우 중요하다. 사람은 어떤 부분에서 느낀 유능감을 통해 직업을 선택하기도 하고 그 직업 속에서 안정감을 느끼며 살아가기도 하기 때문이다. 유능감이 있어야 자신감도 생겨서 당당해질 수 있다.

　유능감은 사소한 데에서 길러지기도 한다. 아이가 볼 때는 매우 능력 있고 현명하고 태산 같은 존재인 부모가 자신에게 어떤 조언을 구하거나 부탁을 해올 때, 아이는 자신이 부모와 같거나 더 높아질 능력이 있음을 인지하게 된다.

　어떤 조언을 구할지는 현명하게 각자의 상황에 맞게 선정해야 할 것이다. 신발장에 신발을 어떻게 정리하면 좋을지에 대해 조언을 구할 수도 있을 것이고, 부모가 인간관계에서 겪는 사소한 일들에 대해 조언을 구할 수도 있을 것이고, 심지어 어떤 옷이 더 잘 어울리는지 봐달라고 할 수도 있을 것이다. 조금 더 나아간다면 가치관이 중첩되는 결정을 내릴 때 어떻게 결정하면 좋을지, 책을 보는 데 집중이 안 될 때 어떻게 하면 좋을지, 허야 할 일이 너무 많을 때 무엇을 먼저 하면 좋을지 등등의 조언을 구할 수도 있을 것이다.

　이것은 아이의 능력에 대해서 확실히 믿고 있음을 보여주며 신뢰할 수 있는 동등한 인격체로서의 경험을 하게 해주어 아이와 부모 모두를 성장시킬 수 있다. 둘론 아이를 믿지도 않는데 거짓된 조언을 구하는 것은 금물이다.

아이가 혼자 결정해야 할 때 참견하지 않기

할 말을 하고 지적하고 잔소리하고 훈계하는 것보다 부모의 권위를 더욱 지켜주는 방법, 아이가 부모의 말을 무시하지 않게 하는 방법은 어쩌면 침묵이다. 쓸데없는 말을 많이 하는 것보다 하고 싶은 말을 참는 것이 부모의 권위를 더욱 높이 세워주는 경우가 많다.

아이가 좋은 의도로 시작했는데, 중간에서 길을 잃고 잠깐 헤매고 있을 때, 아이가 크고 작은 결정들을 내려야 할 때, 아이가 어떤 일에 집중하고 있을 때, 아이가 잠깐 동안 시행착오를 경험하고 있을 때, 부모는 마음을 다잡고 꾹 참아야 한다. 조용히 아이가 한 단계 성숙하는 것을 지켜보아야 한다. 시행착오가 보인다고 너무 빨리 개입해버리면 아이가 스스로 배울 기회를 빼앗는 꼴이 되어버린다.

부모가 보기에 하찮은 일에 아이가 집중하고 있을 때라도 어느 정도는 기다릴 줄 알아야 한다. 인간은 원래 늘 필요한 일만 하면서 살아가지는 않기 때문이다. 어른인 우리도 쓸데없는 일을 참 많이 하지 않는가? 그러나 남들 눈에는 쓸데없어 보여도 당사자인 자신에게는 가장 필요한 일인 것이다. 아이들도 그렇다. 부모의 눈에는 쓸데없어 보이지만 지금 당장 아이의 머릿속에는 가장 중요하고 신중을 기해야 하는 일일 수도 있다.

아이가 어떤 결정을 내리지 못하고 망설이고 있을 때, 부모는 조용히 기다려주는 지혜를 발휘해야 한다. 다만, 시간이 늦거나 상황적인 제약이 있을 때는 그것들에 대한 정보만을 알려주는 것이 좋다.

"엄마가 곧 해야 할 일이 있으니 30분이 될 때까지는 결정해주면 좋겠다."

아이가 뭘 입고 학교에 갈지, 뭘 먹을지, 어떤 방식으로 할지 등에 대해 부모가 세세히 간섭하고 참견하는 것은 아이의 성장을 방해하는 가장 나쁜 방법이다. 아이의 일들은 대부분 아이가 결정하고 선택하고 책임질 수 있도록 해야 한다. 그렇게 할 때 삶에 책임감을 갖고 자발성을 발휘하여 적극적으로 살아가는 아이가 될 수 있다.

아이가 협상에서 이기게 하라

이 방법은 아이와의 협상에서 발휘되는 작은 테크닉이다. 조삼모사와도 같은 방법이지만 아이들과의 협상에서는 큰 위력을 발휘한다. 방법은 매우 간단하다.

예를 들면, 아이에게 심부름을 시키기 위해 심부름 값을 흥정한다고 치자. 아이가 현관 청소를 했을 때 엄마는 1,000원 정도가 적정하다고 여긴다면, 아이에게 500원쯤을 제시하는 것이다. 아이가 너무 적으니 1,000원 정도는 줘야 한다고 말하면 몇 번 더 조율하다가 아이의 청을 들어주는 것이다. 엄마는 현관 청소라는 원래의 목적을 달성하고, 아이에게는 자신이 원하는 가격에 흥정을 잘했다는 성취감을 주는 것이다.

엄마가 저녁 여섯 시까지는 아이가 방을 정리하기를 원한다면 아이에게 네 시까지 정리되었으면 좋겠다고 이야기한다. 아이가 촉박하다고 하면 몇 차례 진지하고 팽팽한 흥정을 하다가 엄마가 아이에게 져주며 여섯 시까지로 시간을 양보해주는 것이다. 시간을 늘려준 대신 더욱 깔끔하게 치우길 원한다고 이야기해도 좋다. 그러나 터무니없이 적은 값을 제시하면 흥정 자체가 무산될 수 있으니 아이의 구미가 당길 만큼 적절한 선에서 제시하는 센스가 필요하다.

이 방법을 지속적으로 사용하면 아이는 부모에 대해 '자신의 청을 들어주는 사람'이라는 좋은 이미지를 갖게 된다. 언제라도 자신이 합리적인 선을 제시하고 설득하고 노력하면 이야기가 통할 것이라는 긍정적인 이미지를 가지는 것이다.

단기적으로는 쉬운 심부름을 시키거나 당장의 어떤 것을 해결하는 데 도움이 되지만, 장기적으로는 자신과 부모에 대한 좋은 상을 갖도록 도울 수 있다. 당장의 것만 급급하여 어떻게든 엄마 말을 듣게 하겠다는 태도로 윽박질러서 강제하는 것은 좋지 않다.

차분히 장기적인 안목으로 대처하는 현명한 부모가 되길 바란다.

Part 5

행복한 내 아이,
엄마가 만든다

01

아이의 입장이 되어
공감하라

'상대의 입장이 되어 공감하라.'

참 어려운 말이다. 사람들은 모두 자기 입장이 우선이다. 타인의 입장을 100퍼센트 공감해주는 일은 사실 불가능한 일일지도 모르겠다. 공감해주는 것이 직업인 상담사들도 100퍼센트 공감하기란 정말 쉽지 않다.

내 아이가 여섯 살 무렵, 다음과 같은 경험을 했다. 친척들에게 드릴 구정 선물을 미리 준비하지 못한 나는 선물만 사서 빨리 나올 요량으로 아이의 손을 잡고 마트에 들어갔다. 마트에는 나처럼 구정 선물을 사러 온 사람들로 인산인해였다. 몇 가지 상품을 보고 있는데 아이가 자꾸 칭얼댔다. 아이가 짜증을 부리고 징징거리는 통에 선물을 고르기 힘들었다.

시간이 별로 없었던 나는 아이를 잡아끌듯하며 선물을 보러 다녔다. 시간이 지날수록 아이의 짜증이 심해지자 폭발 직전의 나는 아이를 혼내기 위해 쪼그리고 앉았다. 아이 눈을 보면서 따끔하게 꾸짖을 심산이었다.

그런데 이게 웬일인가? 쪼그리고 앉아 아이와 눈높이를 맞추고 나니 눈에 보이는 것은 온통 사람들의 다리였고, 모르는 사람들의 발에 채일까 두렵기까지 했다. 게다가 겨울이라 두꺼운 옷을 입고 있었는데, 난방을 틀어놓은 마트에서 많은 사람 사이에 있다 보니 금세 숨이 막히는 것 같았다.

쪼그리고 앉아 아이의 키가 되어보니 아이의 짜증이 비로소 공감되었다. 나였다면 더 많이 힘들어했을 것을, 잘 견뎌주고 있었던 아이에게 화를 내려고 했던 나 자신이 부끄러워졌다.

이처럼 공감은 거창한 것이 아니다. 전문가들만 할 수 있는 특별한 것이 아니다. 아이와 키를 맞추기 위해 쪼그려 앉는 것처럼 눈을 맞추고 생각을 맞추고 마음을 맞추는 것이 공감이다. 그때 나는 우연히 실행한 것이지만, 이제 우리는 의도적으로 해야 할 것이다. 종종 아이의 입장이 되어보면 다른 해결책을 발견하게 된다.

화내고 혼내려던 마음이 이해하는 마음으로 바뀌기도 하고, 별것 아니라고 생각했던 일들이 중요한 일로 인식되기도 한다. 물론 100퍼센트 공감은 어렵겠지만 우리가 각자 가지고 있는 역량만큼 공감하려고 노력하면 되는 것이다.

그렇다면 공감은 왜 그토록 중요할까? 공감받으며 자란 아이와 공감받지 못한 아이는 어떤 차이를 보일까? 짐작하겠지만, 공감받으며 자란 아이는 다른 사람의 감정에 자연스럽게 공감할 수 있다. 반대로 공감받지 못하고 자란 아이는 다른 사람의 고통이나 괴로움에 공감하기 힘들다.

이것은 삶의 모양새를 어떻게 바꿔놓을까? 언젠가 텔레비전 프로그램에서 한 여성 패널이 자신의 사연을 이야기하는 것을 들었다. 자기 남편은 경상도 사나이인데 무뚝뚝하기 그지없다고 한다.

"밥 묵자(밥 먹자)."

"디비 자자(누워서 자자)."

"아는(애들은 뭐해)?"

이 세 마디만 하는 남편인데 그것을 보고 자란 아들이 더 가관이란다. 자신이 아파서 며칠째 누워 있는데 어느 날, 평상시 말도 잘 걸지 않던 아들이 방에 들어와서는 다짜고짜 이러더란다.

"엄마, 돈 좀 둬(줘)."

요즘은 사회성을 중요시한다. 아이들도 사회성이 좋아야 성공한다고 하고, 취업해서도 사회성이 좋아야 회사에서 잘 지낸다고 한다. 그렇다면 사회성이란 무엇일까? 어떤 사람을 사회성이 좋다고 하는걸까? 사회성은 어떤 것으로 구성되어 있을까?

나는 사회성의 주요 구성 요소가 바로 '공감'이라고 생각한다. 약간의 사교성 등이 첨가되면 더 좋겠지만, 그런 것들이 없어도 사회성은 발휘될 수 있다. 바로 '공감 능력'이 있다면 말이다.

사회생활을 할 때 어떤 사람에게 호감을 느끼고 함께하고 싶어 하는가? 상대의 입장을 배려할 줄 알고 자신의 주장만 고수하지 않으며 서로 좋은 방법을 찾아가는 사람이다. 이런 행동은 상대의 입장에 공감할 줄 모르면 나올 수 없는 행동이다. 누군가에게 사회성이 부족하다고 말하면 비슷한 느낌을 공유한다. 배려할 줄 모르고, 자기주장만 고수하며, 타협하지 않고, 외골수적인 사람의 이미지를 떠올릴 것이다.

내 아이를 사회성 풍부한 아이로 키우고 싶다면, 우선 공감해주어야 한다. 엄마가 공감 능력이 부족하다면 사소한 것에서부터 공감 능력을 키우려고 노력해야 한다. 또 무조건적인 공감보다는 아이의 눈높이에 맞춘 공감이 중요하다.

아이의 눈높이에 맞추는 것이 어떤 것인지 모르겠다면, 가장 쉬운 방법은 '아이에게 물어본다'이다. 모든 답은 아이가 가지고 있다. 어느 정도 힘든지, 어떤 느낌인지 잘 모르겠다면 그때마다 아이에게 물어보자. 아이의 감정이나 상황에 대해 섣불리 판단하지 말고, 아이에게 물어보는 습관을 들이는 것이 무엇보다 중요하다. 그렇게 할 때 비로소 아이의 눈높이에 맞추는 공감이 이루어진다. 엄마의 짐작으로 아이의 감정이 '이렇다'라고 재단해버리면 공감은 이루어지기 힘들다.

사람은 똑같은 상황에 놓였다고 똑같은 감정을 느끼는 것은 아니다. 전과 비슷한 상황이더라도 좀 다른 강도의 감정을 가질 수 있고, 전에는 불쾌함이었다면 이번에는 또 다른 감정이 생겨날 수 있다.

이렇게 설명하면 열 명 중 아홉 명은 여지없이 반문한다.

"너무 어려워요. 어떻게 매번 그렇게 해요?"

엄마들의 말이 맞다. 공감은 어렵다. 익숙하지 않기 때문이다. 익숙하지 않은 모든 것을 배우는 것은 어렵다. 그러나 모든 것이 그렇듯, 연습하다 보면 차츰 더 잘하게 될 것이다. 그리고 이런 눈높이 공감을 매번 해줄 순 없다. 엄마가 열 번 중에 한 번도 공감하지 못하던 상황에서 갑자기 열 번을 모두 공감하기란 불가능하다. 자신의 상태에 맞게 열 번의 공감 상황 가운데 한두 번 혹은 여덟아홉 번으로 목표를 잡으면 된다.

작고 사소한 부분부터 아이와 공감하기 위해 노력해보자. 아이에게 조금씩 더 눈높이를 맞추려는 노력을 하다 보면 공감은 자연스레 이루어진다. 시간이 지나면서 아이의 마음이 이해될 것인데, 그런 경험을 반복하다 보면 결국 아이와 마음이 통하는 엄마가 된다.

02

엄마가 해준 만큼
성장할 것이라는
기대를 버려라

"엄마가 그렇게까지 해줬는데 아직도 이 모양이니?"

내 지인이 집에서 중학생 아들과 밥을 먹다가 한참을 하염없이 울었다고 한다. 중학생 아들이 제대로 젓가락을 잡지도 않은 채 음식을 삽처럼 푹 떠먹는 모습을 보면서 '내가 15년 동안 그렇게 갖은 노력으로 잘 키우려고 했는데, 젓가락질도 바르게 못하다니' 하는 생각에 갑자기 울컥했다는 것이다. 지인은 자신이 아무리 노력허도 변함없는 아들의 모습에서 답답함과 허송서월한 듯한 회환과 무력감이 밀물처럼 밀려왔다고 한다. 15년 동안 어떤 마음으로 아들을 대했을지가 상상되었다.

엄마는 아이가 처음 혼자 밥을 먹을 즈음해서 밥 먹는 좋은 버릇을 가르치고자 노력한다. 아이가 처음 연필을 쥐었을 때도 바르게 연필을 쥐는 법을 가르치고자 노력한다. 가지고 놀았던 장난감을 잘 정리하는 것을 가르치고, 책상을 정리하도록 가르치고, 손을 씻는 방법과 양치하는 방법과 옷을 갈아입는 방법을 가르친다.

타고난 천성이 반듯하고 정리정돈에 쉽게 적응하는 아이라면 그 과정이 비교적 쉽겠지만, 털털하고 산만하고 즉흥적이고 자유분방한 아이라면 그 과정이 녹록지 않을 것이다. 금세 어질러질 장난감을 왜 애써서 정리해야 하는지 도무지 이해할 수 없고, 금세 더러워질 몸을 뭐 그리 열심히 씻어야 하는지 납득하지 못하는 아이를 키우면서 엄마들은 애간장이 녹는다. 엄마에게는 당연히 해야 하는 것들이 아이에게는 쓸데없는 행동으로 비춰진다. 그래서 엄마의 잔소리가 저절로 춤을 춘다.

또 다른 지인의 열여섯 살짜리 딸은 방에 자신이 먹다 남은 음식들을 보관해놓는 버릇이 있다. 방을 뒤져보면 일주일이나 지난 사과, 한 달된 바나나, 6개월 된 빵 조각들이 나온다고 한다. 아이에게 치우지 않는 이유를 물으니 그 음식들이 썩어가는 과정을 지켜보고 싶어서 그렇게 한다는 것이다.

부모로서는 기가 찰 노릇이다. 하지만 아이는 절대 치우지 못하게 한단다. 듣는 사람들은 "귀엽네", "아이가 과학자 기질이 있네" 하고 웃으며 넘기겠지만 엄마는 아이의 방문을 열 때마다 풍기는 퀴퀴한 냄새와 위생적이지 못한 환경을 생각하면 하루에도 열두 번씩 아이 방을 폐쇄하고 싶단다.

아이들의 생각이 어찌나 독특하고 개성 넘치는지 기성세대인 엄마들은 도무지 아이들의 뇌 구조를 이해하기가 어렵다. 아이들의 잘못된 버릇을 바꾸려고 부단히 애를 써도 아이는 엄마의 마음을 아는지 모르는지 철옹성처럼 조금의 변화도 없다. 그럴 때 엄마는 안타까움에 좌절하고 만다.

그런데 많은 아이를 만나면서 내가 깨달은 것은 아이의 성장 속도가 모두 다르다는 것이다. 그것을 엄마의 힘과 노력으로 조절하는 것은 매우 힘든 일이다.

내가 만난 아이들은 저마다 모두 다른 특징을 가지고 있었고, 생각도 성향도 환경도 취향도 모두 달랐다. 비슷한 또래의 남자아이라도 좋아하는 것에 접근하는 방식, 좋아하는 이유, 원하는 것을 성취하는 모습이 모두 다르다. 아이들은 모두 자신만의 색깔로, 자신만의 특징으로 자신을 성장시키는 것이다.

태어나서 몇 개월이 지나지 않아 문장으로 된 말을 자유자재로 하고 책을 읽는 아이가 있는가 하면, 15년을 애써 가르쳐도 젓가락질 하나 제대로 못하는 지경이라 엄마의 가슴을 치게 만드는 아이도 있다. 이렇게 사람은 모두 다르다.

아이마다 빨리 발달하고 느리게 발달하는 부분이 모두 다르다는 것을 엄마는 기억해야 한다. 보통 초등학교 저학년까지의 경우 남자아이들은 대근육이 발달하고 같은 시기의 여자아이들은 소근육이 발달한다. 남자아이들이 좁은 교실에서 견디기 힘들어하는 이유는 그 시기가 자신의 대근육을 발달시켜야 하는 때라서 그렇다.

그 시기의 남자아이들에게 손가락을 정교하게 움직이는 글씨 쓰기나 종이 오리기, 종이접기 등은 잘 못하는 어려운 종류의 일이다. 그러나 달리고 뛰어오르고 뛰어내리그 매달리고 구르고 던지는 일들은 잘할 수 있는 일이다. 이런 아이들을 좁은 교실에 가두어 뛰지 못하게 하는 것은 아이들의 발달을 지연시키는 고문과도 같다.

한편 이 시기의 여자아이들은 소근육을 발달시키는 시기이므로 글씨를 쓰고 그림을 그리고 종이를 오리고 접는 일을 재미있어하고 잘한다. 초등학교 교실에서 여자아이들이 두각을 나타내는 것도 이 때문이다.

따라서 초등학교 저학년 남자아이가 글씨를 잘 못 쓰고 젓가락질을 잘 못 하고, 종이를 잘 못 오린다고 열등감을 심어주는 것은 정말 어리석은 일이다. 남자아이들의 특성상 대근육을 먼저 발달시키고 추후에 소근육을 발달시키는 것뿐이다.

지금 대근육을 발달시키고 있다 해서 나중에 소근육을 발달시키지 못하는 것은 아니다. 따라서 당장 글씨를 잘 못 쓰고 젓가락질을 제대로 못한다고 윽박지르고 야단친다면 마치 밥을 먼저 먹고 반찬을 나중에 먹는다는 이유로 '반찬도 못 먹는 멍청이'라고 말하는 것과 다르지 않다.

오히려 남자아이들의 발달 특성이 교육 과정 속에서 철저히 무시되고 있는 현실을 안타까워해야 한다. 어찌 보면 기성세대의 무지함에 아이들이 희생되고 있는 것이다. 밝혀진 것은 이렇게 작은 부분이지만 아이들의 발달을 잘못 인지하여 자연스러운 성장을 방해하는 일들은 무수히 많을 것이다. 그러니 아이의 어떤 한 부분이 늦게 발달하더라도 영원히 발달되지 않을 듯이 조바심을 내선 안 된다.

더딘 성장으로 엄마의 속을 답답하게 하던 지인의 아들은 어떻게 성장했을까? 지인은 고등학교 2학년이 된 아들에게서 '남자의 향기'가 느껴진다며 듬직하다고 행복해했다. 이제야 철이 든 것 같다고 한

다. 젓가락질을 못해서 가슴을 치며 울었던 일은 기억조차 못하는 듯 보였다. 마치 처음부터 의지가 되는 든든한 아들을 가지고 있었던 듯 뿌듯해했다. 그 모습을 보면서 인간의 성장 시계는 참으로 오묘하며, 그 시곗바늘이 지금 어디까지 가고 있는지 인간의 힘으로 알기란 어려운 일이라는 생각을 했다.

엄마가 아무리 깔끔한 옷맵시를 강즈하며 잔소리를 해도 바뀌지 않던 아이가 어느 날 친구들과의 모임에서 초라하게 느껴진 자신의 모습을 깨닫고는 하루아침에 태도를 바꾸기도 한다. 엄마가 시간 약속을 잘 지킬 것을 천만 번쯤 이야기해도 고치지 않던 아이가 시간 약속에 관한 책을 읽고 감명을 받아 자신의 태도를 바꾸기도 한다. 수학을 너무나 싫어했던 어떤 아이는 수학 시간마다 열심히 그리던 만화에서 자신의 재능을 발견하고 웹툰 작가가 되기 위해 노력하고 있다.

엄마들은 몇 번 말을 하면 혹은 몇십 번 말을 하면 아이가 태도를 개선하고 스스로를 성장시킬 것이라 기대한다. 그러나 인간의 성장은 몇 번의 말로 되는 것이 아니다. 더 많은 경험과 스스로 하는 고민과 생각들이 아이를 더욱 성장하고 성숙하게 만드는 것이다. 아이 인생의 시곗바늘은 아이 스스로 돌리는 것이다.

아이들도 과거 우리가 그랬던 것처럼 더디고 느리게 성장할 것이라는 사실을 인정하자. 아이가 지금 어떤 기능을 발달시키지 못하고 있다고 해서 영원히 못하게 되는 것은 아니다. 아이는 아이만의 발달 시간표대로 성장할 것이다. 결코 엄마의 안달복달로 그 시간표를 당길 수도, 지연시킬 수도 없음을 명심하자.

03

아이는
엄마 뜻대로 움직이는
인형이 아니다

얼마 전 백화점에 갔다가 요즘 흔히 들을 수 있는 말, '멘붕'을 경험했다. 엘리베이터를 기다리고 있는데 약 일곱 살 정도 되는 남자아이에게 엄마가 이렇게 말하는 것이다.

"얼굴 예쁘게 해야지."

순간 이건 또 뭔가 싶었다. 얼굴 예쁘게 하는 건 어떻게 하는 것일까? 얼굴을 예쁘게 하는 것이 사람의 힘으로 가능하단 말인가? 아이 엄마의 말을 듣고는 한참 동안 멘붕 상태였다. 아마 그 엄마는 뾰루퉁해 있는 아이에게 화난 얼굴을 하지 말고 웃는 얼굴을 하라는 뜻이었을 것이다.

그 상황을 이해하기는 하지만 어이없기는 마찬가지였다. 엄마는 자신이 지시하면 아이가 얼른 화난 감정을 정화하고 급기야 즐거움이나 기쁨 등의 상태로 변해야 한다고 주문하고 있는 것이다. 그게 가능한가?

누군가가 지시하는 것으로 좋지 않은 감정을 좋은 감정으로 바꿀 수 있는 사람은 이 세상에 없다. 그것이 명백한 진실인데도 많은 엄마가 자신의 아이들에게만은 다른 진실을 적용한다. 그 바탕에는 아이를 하나의 인격이 아니라 자신의 소유, 혹은 자신이 좌지우지할 수 있는 존재로 여기는 인식이 깔려 있다.

그러나 사회생활을 하면서 만난 사람들에게는 그렇게 말하지 않는다. 그들이 화난 표정을 하고 있으면 무슨 일이 있는지 묻고 함께 공감해주려고 노력한다. 그리고 그들이 처한 상황을 충분히 이해해준다.

그런데 아이가 화났거나 감정이 상했을 때는 그렇게 하지 않는다. 아이들이 어떤 감정을 가지는 것에 대해 마치 누릴 권리가 없는 것을 가진 것처럼 무시하고 다른 감정을 가지라고 요구한다.

얼마 전 모임에서 지인이 초등학교 5학년 딸과 매일 아침 실랑이를 한다는 이야기를 들었다. 아이가, 엄마가 골라주는 옷을 거부하고 자신만의 스타일을 고집한다는 것이었다. 그런데 아이가 고르는 옷의 조합이 엄마가 보기에는 몹시 촌스러운 것들이란다.

엄마는 아이가 매번 멋진 모습으로 밖에 나가길 기대하겠지만, 자신의 모습이 어떻게 보일지를 선택하는 것도 사실은 아이의 일이다. 엄마는 멋지게 옷을 차려입지 않으면 친구들이 아이를 우습게 볼까 걱정이지만 엄마 말씀을 따르는 동안 정작 아이는 더 큰 것을 잃고 있는지도 모른다.

자립심과 성장이 그것이다. 40년을 살아오는 동안 발달된 패션 감각을 이제 11년 산 딸이 따라잡는 일은 몹시 어렵지 않겠는가! 어떤 능력이든지 첫걸음은 있는 법이다. 첫걸음이 미숙하다고 걸음을 떼지 못하게 한다면 아이는 성장할 수 없다.

자신이 멋지게 차려입지 않으면 사람들이 좋지 않은 평가를 내린다는 것도 아이 스스로 느껴야 하는 가치관의 일종이다. 그런데 엄마들은 아이들이 자신만의 가치관을 가지고 있다는 사실 자체에 놀라워한다.

내 강의 중에 '나-대화법' 과정이 있다. 이 과정에서 아이의 행동이 엄마에게 어떤 피해를 주는 것이 아니라면 아이가 여러 경로로 확립한 가치관이 대립되는 것이 당연하다고 말하면 엄마들 열 명 중 여섯 명은 깜짝 놀란 표정을 짓는다. 아이에게 가치관이 존재한다는 사실 자체를 인식하며 살지 않았다고 말하는 엄마도 있다.

아이들이 부모보다는 짧은 인생을 살았지만 모두 나름의 가치관을 가지고 있다. 어떤 아이는 남자아이가 염색을 한다는 것 자체를 우스운 일이라고 생각하고, 어떤 아이는 충분히 가능하다고 생각한다. 어떤 아이는 옷은 편해야 한다는 가치관이 있다면 어떤 아이는 좀 불편해도 멋지게 보이는 것이 더 좋다는 가치관을 가지고 있다. 이것은 아이들이 자신만의 경험과 판단으로 가지게 된 생각들이다.

그런데 간혹 아이의 성장에도 불구하고 아이의 가치관이나 생각 등을 인정하지 않는 부모도 있다. 중학생 아들이 귀고리를 하고 다니면 한사코 못하게 하려고 온갖 노력을 한다.

아이는 부모와 엄연히 다른 존재이다. 당연히 부모와 다른 삶의 가치관을 가진다. 아이의 가치관이 때로는 마음에 안 들고 어리석어 보일지라도 인정해야 한다. 그래야 아이의 다음 단계 성장도 지켜볼 수 있다.

아이가 미숙한 패션 감각으로 촌스러운 코디를 하더라도 아이의 첫 시도에 지지를 보내야 한다. 그래야 날로 발전하는 아이의 패션 감각을 지켜볼 수 있다. 아이가 작은 일 때문에 화를 못 참을 때 아이의 감정을 인정하고 받아주어야만 다음번에 자신의 화를 스스로 조절하는 아이의 모습을 볼 수 있다. 아이의 감정 자체를 인정하지 않으면 아이는 몸이 더 커져도 자신의 감정을 잘 조절하는 성숙한 단계에 이르기는 힘들 수 있다.

요즘 문제가 되는 '헬리콥터맘'이 있다. 아이들 머리 위를 비행하며 아이의 일거수일투족을 감시하고 지시하고 발생한 문제를 해결하는 엄마들을 일컫는다. 심지어 대학에도 학부모회가 있다고 한다. 이 엄마들은 자신의 자녀를 위해 강사에게 압력을 넣기도 하고, 자녀가

준비해야 할 과제나 준비물들을 챙긴다고 한다.

소규모 중소기업을 운영하고 있는 나의 남편은 얼마 전 황당한 일을 겪었다.

경리 여직원을 뽑는 구인광고를 냈더니 20대 초반의 여성이 엄마를 대동하고 면접을 보러 왔단다. 이런 황당한 상황에서 더더욱 어이없었던 것은, 딸이 머뭇거리자 엄마가 이것저것 궁금한 부분을 질문하기 시작한 것이었다. 연봉은 어떻게 되는지, 보너스는 어떻게 나오는지, 휴무는 어떻게 되는지 등등 구체적인 내용들을 조목조목 물었다. 하지만 남편은 아무 말도 해줄 수가 없었다고 한다. 엄마 없이 아무것도 하지 못할 사람을 채용할 수는 없기 때문이다. 자신의 구직에 대한 질문조차 엄마가 와서 해줘야 할 정도로 판단력이 없는 사람을 어떻게 뽑아서 일을 맡길 수 있겠는가!

자식을 20년이 넘도록 키우면서 그 엄마는 그저 아이의 몸을 키우는 일밖에 하지 못한 것이다. 아이의 정신적인 성장은 전혀 이뤄내지 못한 것이다.

아이를 키우는 부모가 지녀야 할 소명이 있다. 자녀가 건강한 육체와 성숙한 정신을 갖추고 사회적 자립을 이룰 수 있도록 돕는 것 말이다. 부모는 아이를 키우면서 궁극적인 목표를 이것에 놓고 초점을 맞춰야 한다. 육체적으로 건강하고 정신적으로도 성숙하며 사회적으로도 자립을 이룰 수 있는 사람으로 키우기 위해 노력해야 한다.

그런데 상담을 하면서 때로 이런 기본적인 가치에 대한 기준이 모호하거나 부족한 부모를 접하게 된다. 그들은 어떻게 하면 아이가 좋은 성적을 받고, 좋은 대학을 가고, 좋은 직장에 취업하고, 성공하는가에만 초점을 맞춘다. 그 목표를 이룰 방법과 과정은 안중에도 없다.

안타깝게도 많은 부모가 내 아이가 어떤 방법으로든 성공하고 돈을 많이 버는 것에만 초점을 맞추고 있다. 그러나 성숙한 정신과 사회적 자립심을 가지지 못한 아이가 일시적인 성공을 거두었다고 그것이 지속되거나 풍족한 삶으로 연결되기란 매우 어렵다.

내 아이가 정신적으로 성숙하고 사회적으로 자립심을 키우게 하려면 부모는 어떻게 해야 할까? 아이가 작은 일을 스스로 할 때 아이의 그 선택을 존중하고 격려하여 다음 단계로 넘어갈 수 있도록 이끌어야 한다. 아이가 작은 생각을 가지게 되었을 때 아이의 그 생각을 존중해주고 생각의 폭을 더 넓힐 수 있도록 격려하고 질문해야 한다.

아이를 엄마의 기준대로 만들다 보면 아이는 육체적으로는 부모보다 더 성장할지 모르지만 정신적으로는 여전히 어린아이의 수준에 머물러 있게 됨을 잊어선 안 된다.

훈육은 30퍼센트
농담과 잡담은 70퍼센트

당신은 아이와 주로 어떤 대화를 나누는가? 하루에 아이와 나누는 이야기를 모두 적어본다면 그중 잔소리나 훈육이 아닌 것의 비율은 얼마나 되는가?

엄마와 아이 사이에 문제가 있는 경우, 엄마들은 훈육이 아닌 대화의 비율이 30퍼센트를 넘지 않는다고 답한다. 아이가 문제가 있다고 생각되니까 아이에게 자꾸 가르치고 잔소리하고 고치려고 한다. 그러나 부모가 그렇게 할수록 아이와의 관계는 나빠지고 아이의 나쁜 버릇은 고쳐지지 않는다.

앞의 내용에서도 보았듯이 아이는 엄마의 욕심처럼 '지금 당장' 달라지거나 '엄마가 원하는 대로' 고쳐지지 않는다. 아이를 '지금 당장' 고치거나 '엄마가 원하는 대로' 만들려는 욕심을 내려놓는 지혜가 필요하다. 지혜로운 엄마라면 아이가 자신의 성장 스케줄대로 '천천히',

‘스스로가 원하는 만큼’ 바뀔 것임을 믿어야 한다.

엄마들은 말한다.

“아이가 크면 클수록 고민도 많아지고 걱정도 더 커져. 지금이 좋을 때야.”

지나고 나서 생각해보면 아이가 처음 눈을 마주치며 웃을 때, 밤새 아파서 울며 보챌 때, 아장아장 걸을 때, 밥을 먹기 시작할 때, 유치원 생활을 할 때, 초등학교에 처음 들어갔을 때, 받아쓰기 시험공부를 할 때, 구구단을 외울 때 등 매 순간이 참 즐겁고 재미있는 시간들이었다.

그런데 안타깝게도 많은 엄마가 매 순간의 즐거움을 즐기기보다는 그 당시의 고통과 고민에 빠져 한순간 지나가버리는 황금 같은 시간들을 흘려보낸다. 아이가 아장아장 걸으면 아이에게 매여 아무 곳에도 나가지 못하는 것에 속상해하고 언제 크느냐고 한탄한다. 아이가 받아쓰기 시험에서 한두 개 틀려오면 큰일이라도 난 듯 속상해하고 당장 바로잡아주어야 아이가 좋은 버릇을 갖게 될 것처럼 길들이려고 한다.

하지만 아이가 크고 나면 이런 일들이 얼마나 부질없는가를 깨닫게 된다. 아무리 엄마가 안달복달해도 고쳐지지 않는 버릇이 허다하다. 그냥 두면 안 될 것 같아 걱정했던 일들 대부분은 시간이 지나고 아이가 성장하면서 자연히 해결되어버렸음을 자각한다.

자녀를 다 키운 부모들을 만나보면 정말 신기한 이야기를 많이 듣게 된다. 공부며 온갖 뒷바라지를 한 딸이 고진감래 끝에 대학에 가서 처음 아르바이트를 하러 나갔는데 그때 만난 아르바이트생과 사랑에 빠져 결혼을 했다느니, 공부랑은 담을 쌓고 살던 아들 녀석이 사회에

나가 정신을 차리더니 다시 공부를 시작하고 명문대에 합격했다느
니……

많은 부모가 지금 내 아이의 모습을 보면서 미래를 재단한다. 그러
나 부모의 재단에도 불구하고 아이의 인생은 예상과 전혀 다른 방향으
로 흐를 수 있고, 부모의 작은 그릇에는 담지 못할 더 멋지고 웅대한
인생을 꾸리기도 한다.

지금 엄마들이 아이를 두고 하는 걱정 대부분은 소모적인 것들이
다. 따라서 아이를 두고 걱정하고 불안해하고 답답해하는 대신, 인생
에서 두 번 다시 오지 않을 황금 같은 순간들, 쏜살같이 흘러가는 아이
와의 시간을 즐길 수 있어야 한다. 아이와 땀 흘리며 시장에 다녀오다
사 먹는 달콤한 아이스크림에 행복해하고, 주말 저녁 둘러앉아 보는
개그 프로그램에 깔깔거리는 시간을 즐겨보자. 아이와 머리를 맞대고
옆집 못된 녀석을 흉보는 시간을 즐기고, 아이와 하는 게임에 지지 않
으려고 기를 쓰는 인간적인 엄마의 모습을 보여주자. 아이를 고쳐보고
재단하려는 대화 대신 아이와 농담하고 잡담하는 대화를 늘려보는 건
어떨까. 아이와 있으면 피곤하고 짜증나고 신경 곤두선 모습을 편안하
고 즐겁고 행복하고 신 나는 모습으로 바꿔보자.

삶에서 아이의 존재가 끊임없이 무언가 해주어야 하는 책임감과
희생으로 자리 잡고 있다면 엄마는 절대 육아에서 행복할 수 없다. 자
신이 그렇게 느끼고 있다면 원인을 돌아보고 고칠 수 있어야 한다. 그
리고 아이와 편안한 관계가 되기 위한 노력을 시작해야 한다.

아이와 쓸데없는 잡담을 하고 유행하는 농담을 나누는 것은 절대
로 실없고 무의미한 행동이 아니다. 오히려 아이가 엄마에게 쌓고 있

던 불신과 두려움의 벽을 허무는 효과적인 방법일 수 있다. 사람은 누구나 자신과 관계가 좋은 사람의 이야기를 귀담아듣는다. 아이가 엄마의 말을 잘 듣길 원한다면 우선적으로 엄마와 아이가 편안하고 좋은 관계가 되는 것이 중요하다.

아이를 행복하고 건강하게 성장시키고 싶다면 공을 들여서 아이와의 대화를 농담과 잡담으로 채울 필요가 있다. '농담과 잡담'은 관계를 편안하게 만들 수 있는 가장 손쉬운 도구이다. 사실, 아이와 부모 간 거리를 좁히는 요소가 바로 농담과 잡담이다. 아이가 부모와의 관계에서 편안함을 느낄 때, 부모의 야단이나 잔소리를 적개심을 품지 않고 자신의 행동을 바꾸는 자극제로 여기게 된다.

만일 평소 아이와 나누는 대화의 상당 부분이 잔소리 훈육이라면 끊임없는 노력으로 잔소리를 줄여야 한다. 지금 꼭 잔소리를 해야겠다면 5분만 혹은 2분만 늦게 잔소리를 시작하자고 마음속으로 다짐하자. 같은 말을 다섯 번 하려 했다면 그중 한두 번은 하지 않고 참도록 훈련하자. 아이가 말을 안 듣고 짜증나는 상황이라면 가벼운 농담으로 분위기를 반전시키고자 고민해보자. 매번 반복하는 잔소리를 유머러스한 표현으로 바꾸는 노력을 기울이면 아이와의 사이가 훨씬 부드러워진다.

가정의 분위기는 엄마가 만든다. 엄마가 활기차고 유머러스하면 그 가정도 밝고 활기차다. 지금까지 가정이 험악하고 무겁고 정적인 분위기였다면 그것은 그 가정의 엄마가 우울하고 무거운 정서를 가지고 있었기 때문인 경우가 대부분이다.

가정에서 아빠의 역할은 선장이고 엄마의 역할은 갑판장이다. 선장은 목표를 설정하는 역할을 하며 배의 세부적인 모든 부분을 다 신경 쓰지 않는다. 다만, 갑판장과 의논할 뿐이다. 그러나 갑판장은 다르다. 모든 선원의 행동을 챙기고 그들의 불편함을 해결하며 배 안에서 벌어지는 모든 일들을 처리해나간다. 선장의 기분이 나빠도 모든 선원이 영향을 받지 않을 수 있으나 갑판장의 기분이 나쁘면 모든 선원이 신경을 쓸 수밖에 없다. 보통은 선장의 리더십만을 중요하게 여기지만 선장 못지않게 갑판장도 효율적이고 훌륭한 리더십을 가지고 있어야 한다. 그래야 좀 더 안정적인 항해를 할 수 있다.

엄마로서 자신의 미숙함을 인정하고 그 미숙함 속에서도 여유를 가지려고 노력해야 한다. 물론 아무리 노력해도 100퍼센트 완벽해질 수는 없다. 사람은 완벽한 존재가 아니기 때문이다. 사람은 죽을 때까

지 성장하는 존재이지, 완벽해질 수 있는 존재가 아니다. 미숙하지만 노력하는 자신의 모습을 인정할 때 마음에서 여유가 생겨날 것이다. 그 여유가 생겨야 농담도 잡담도 편안함도 생겨난다.

아이가 성장하듯이 엄마도 매 순간 성장한다. 엊그제 식탁 앞에서 까치발을 하고 엄마를 불러대던 아이가 어느새 코밑에 거뭇한 수염을 매달고 다니듯, 우유병 하나 잘 씻지 못하던 엄마가 언젠가는 아이의 이성 친구가 보낸 문자에도 태연히 대처할 수 있게 되는 것이다.

아이와 육아를 힘겨운 짐이라고 생각하지 말고, 내 삶을 풍요롭고 다채롭게 하는 즐거움이라고 생각하자. 육아를 즐거움이라고 생각하는 순간, 지금까지 경험하지 못했던 아이와의 행복한 세계가 열릴 것이다.

완벽한 엄마가 아닌
다정한 엄마가
되라

"수학 과제는 했니? 5분 후에 학원으로 출발해라. 옷은 침대에 꺼내놓았으니 갈아입고 가."

용기 엄마는 직장생활을 하크 있다. 모든 것에 철두철미한 성격이라, 회사에 있으면서도 용기의 하루 일과를 손금 들여다보듯 꾀고 있다. 회사에서 일도 똑부러지게 하지만 짬짬이 시간을 내어 집으로 전화를 거는 것도 잊지 않는다.

용기 엄마가 집으로 전화를 거는 이유는 단 한 가지다. 용기를 잘 관리하기 위해서다. 학원에 시간 맞춰서 가게 하고, 숙제를 마치게 하고, 준비해놓은 간식을 먹는지 관리하기 위해 수시로 용기에게 전화를 건다.

회사에 있으면서도 용기가 다닐 좋은 학원을 검색한다. 먹거리와 옷가지를 인터넷으로 주문하고 용기 학교 홈페이지에 들어가 과제와 준비물을 알아둔다. 용기 엄마에게 용기는 회사의 일거리처럼 잘 처리해야 하는 업무의 일부분처럼 생각되기도 한다.

아이의 학교 성적도 좋고 성격도 원만하여 모든 일이 잘 진행되는 듯 보이던 어느 날, 뜬금없이 용기가 엄마에게 죽고 싶다는 고백을 해왔다. 처음엔 초등학교 4학년이지만 사춘기가 빨리 왔나 보다 하고 넘겼다.

그런데 죽고 싶다는 용기의 말은 계속되었다. 그제야 심각성을 느낀 용기 엄마는 아이의 손을 잡고 정신과를 돌아다니며 온갖 검사를 했다. 여러 병원에서 다양한 검사를 해본 결과 용기에게 소아우울증이라는 진단이 내려졌다. 용기의 소아우울증은 모두 엄마 탓이라는 것이 검사의 결과였다. 모든 것이 잘되고 있다고 생각했는데 한순간에 무너져내렸다. 전문가로써 쌓아온 경력이나 자신의 인생이 갑자기 무의미한 것이 되었다.

그 시기 용기 엄마는 전문가로서 박사 과정을 이수하고 있었고, 인지도도 높아져서 대학이나 대학원에서 강의도 하고 있었다. 그러나 하나뿐인 아이가 소아우울증을 앓으며 자살을 이야기하는 현실 앞에서 아이보다 중요한 것은 아무것도 없다는 생각이 들었다고 한다.

용기 엄마는 얼마 지나지 않아 사표를 냈다. 지금까지는 자신을 위해서 살았으니 지금부터는 용기를 위해서 살아야겠다고 결심했다. 용기 엄마는 나에게 마음 깊숙이 공감이 가는 이야기를 해주었다.

"전에는 뭐든 돈으로 하려고 했어요. 엄마 노릇도 돈으로 하려고 했죠. 학원비를 내는 것이나 좋은 공연 티켓을 사서 보내주는 것으로 훌륭한 엄마라고 생각하며 살았어요. 그런데 지금 와서 보니 몸으로

하는 엄마 노릇이 정말 필요했구나 싶어요. 학교 갈 때 배웅해주고 집
에 오면 맞아주고 눈 보며 이야기하고 그런 것이 더 중요했던 것 같아
요."

나는 용기 엄마의 말에 100퍼센트 공감한다. 많은 엄마가 다른 사
람의 손을 빌려 엄마 노릇을 하려고 한다. 돈을 써서 학원도 보내고 먹
이고 입히면서 그렇게 할 돈을 벌고 있는 자신을 훌륭한 엄마라고 생
각한다.

강남에는 아이에게 동화책을 읽어주는 과외 선생님도 있다. 학교
어머니회 모임도 대신 나가고 좋은 과외 선생님을 알아봐주는 직업도
있다. 일로 바쁜 엄마들이 돈을 주고 고용하면 아이의 엄마인 척 학교
선생님도 만나고 반 아이들의 엄마들과도 친목을 쌓는 신종 직업이다.

밥이든 간식이든 모두 일하는 분이 해주거나 인스턴트로 해결한
다. 용기 엄마의 표현처럼 돈으로 다른 사람에게 엄마 노릇을 시키는
것이다. 사회생활을 해야 하기 때문에 어쩔 수 없다고 말하고 싶겠지
만 분명 바람직하지 않다. 그저 엄마 역할이 해야 할 업무처럼 느껴지
고 귀찮은 것은 아닌지 의심스럽기도 하다.

그렇다면 모든 직장을 가진 엄마들은 직장을 그만두고 아이와 함
께 있어야만 훌륭한 엄마가 되는 걸까?

나는 엄마가 아이와 함께 있는 시간이 짧기 때문에 문제가 생기는
것은 아니라고 생각한다. 엄마가 직장에 다니기 때문에 문제가 생기는
것이라면 상담실에 오는 아이들의 엄마 대부분이 직장맘이어야 하지
않겠는가.

문제의 핵심은 엄마가 아이들과 함께 있는 시간이 아니라 엄마가

아이를 어떻게 보고 있느냐에 있다. 엄마가 아이들을 '처리해야 하는 업무'나 '감당하기 힘든 존재'로 여기며 부담감을 가지고 있으면 어김없이 문제가 생긴다.

용기 엄마가 직장을 다니면서 짬짬이 아이에게 전화를 걸어 마음을 전하는 대화를 나눴다면 용기의 우울증은 발생하지 않았을지 모른다. 일도 엄마 노릇도 모두 완벽하게 처리하고 싶은 성공 지향적인 엄마의 성향이 오히려 아이와의 관계를 험하게 만든 요인이 된 것이다.

아이와의 관계는 처리해야 할 일이 아니다. 또 어떤 관계이든 관계 속에 부담감이 끼어들면 편안한 관계가 되기 힘들다. 엄마가 아이를 짐이요 업무처럼 느끼면 아이는 어느새 그 낌새를 감지한다.

가족과 함께 있으면 편안함을 먼저 느껴야 한다. 그런데 많은 엄마가 가정 안에서 편안하지 못하다. 나는 그 이유가 엄마들이 가지고 있는 '엄마'에 대한 환상 혹은 책임감 때문이 아닌가 싶다.

『마더 쇼크』라는 책에서 100명의 엄마들에게 '엄마라면'이라는 문구를 주고 뒷 문장을 채우도록 했다. 엄마들은 '교육 정보에 능통해야 한다', '당연히 육아를 책임져야 한다', '지혜로워야 한다', '아이에게 헌신해야 한다', '항상 도움을 줘야 한다', '편안한 집을 만들어야 한다', '아이에게 좋은 것만 먹여야 한다', '아이가 최우선이어야 한다', '아빠와의 관계를 좋게 하려고 노력해야 한다', '아무리 힘들어도 내색하지 않아야 한다', '나보다 가정이 먼저여야 한다', '아이들에게 화를 내서는 안 된다' 등의 문장을 적어놓았다.

엄마라는 이유로 아무리 힘들어도 내색하지 않거나 아이에게 항상 도움을 주거나 지혜로울 수는 없다. 위의 문장들을 보면 엄마들은 아이를 위해서 모든 노력을 해야 하는 의무감에 꽁꽁 묶여 있다. 이렇게 막중한 의무를 이행하면서 어떻게 편안할 수 있겠는가? 엄마가 가정에서 편안함을 느끼지 못하고 오히려 가정을 끌고 나가야 할 무거운 짐으로 느끼면 가족 누구도 행복할 수 없다.

아이는 그저 함께 살아가는 가족일 뿐이다. 엄마가 아이들의 많은 부분을 도와야 하지만 그것이 기쁨이고 즐거움이어야 한다. 만일 기쁨이나 즐거움을 찾기엔 몸이 힘들고 고단하다면 고단함을 덜 다른 방법을 모색해야 한다. 아이를 학원에 보내도 좋고 가정을 위해 도우미를 써도 좋다. 뭐가 되었든 분명한 건 아이와 함께 있을 때만큼은 즐겁고 행복해야 한다는 사실이다.

아이들과 추억을 만드는 것이 즐겁고 하루하루 아이들이 커가는 모습이 대견하고 예뻐야 한다. 아이들을 바라보는 눈에서 하트가 '뽕

뿅' 나와야 한다. 아이들은 부모가 온몸으로 보내는 하트를 먹고 자라는 존재이다. 엄마를 하루 5분밖에 못 보더라도 엄마가 나를 사랑하고 있다고 느끼면 아이들은 그 힘으로 잘 성장해간다.

강아지를 키우면서 우리는 부담감을 느끼지 않는다. 강아지에게 아무것도 바라지 않기 때문이다. 강아지가 뛰노는 것만 봐도 귀엽고 예쁘다. 강아지가 사랑스러우니 강아지를 씻기고 먹이는 것이 힘들지 않다.

아이들과 강아지를 비교하는 것이 좀 우습기는 하지만, 나는 부모들이 강아지에게 아무것도 바라지 않는 것처럼 우리 아이들에게도 그렇게 하길 바란다. 아이들에게 아무것도 바라지 말라. 존재하는 것만으로도 기쁨이고 즐거움이라는 것이 마음으로 느껴져야 행복하고 즐거운 아이들이 된다.

06

엄마 자신의
불안감을
제어하라

엄마라면 누구나 아이의 성적이 좋지 않으면 좋은 대학에 들어가지 못할까 봐, 좋은 대학에 못 가면 좋은 직장에 취업하지 못할까 봐 걱정한다. 아이가 또래들과 사이가 좋지 않으면 대인관계가 좋지 않아 왕따나 은따를 경험하게 될까 봐 불안하다. 아이가 먹는 것을 너무 좋아하면 비만이 될까 봐 걱정하고 너무 안 먹으면 성장이 안 될까 봐 걱정한다. 활발하면 너무 활발한 건 아닌지, 차분하면 너무 차분한 건 아닌지 걱정이다. 이런 모든 걱정은 불안감에서 온다.

많은 부모가 자녀와 좋은 관계를 맺거나 편안한 관계를 맺는 것에 실패하는 이유는 부모가 가진 불안감 때문이다. 부모 자신의 불안감 때문에 아이의 행동이 눈에 거슬려 잔소리를 하거나 혼을 내는 것이다.

그런데 부모가 하는 걱정의 70~80퍼센트는 정말로 쓸데없는 걱정이다. 걱정을 한다고 해서 달라지는 것도 아니고 당장 아이의 행동이 개선되는 것도 아니다. 또 장래에 아이가 자신감 있게 자신의 인생을 살아가는 것에도 전혀 도움이 되지 않는다.

그렇다면 부모를 위해서도 아이를 위해서도 불필요한 '불안감'을 줄일 방법에는 어떤 것이 있을까?

나는 아이 훈육에 불안감을 가진 엄마들에게 다음과 같이 조언한다.

첫째, 또래 엄마들을 자주 만나지 말라.

대부분 또래 엄마들을 만나면서 이런저런 정보를 많이 나눈다. 누구는 어떤 학원을 보내며 어떤 교육을 시키고 어떤 선생님은 어떤 성향이며 아이가 이런 행동을 할 때는 이렇게 해줘야 한다 등등 엄마들이 미처 몰랐던 많은 정보가 쏟아져 나온다.

이런 말들을 한참 듣고 있자면 자신이 다른 엄마들보다 무능하게 느껴지고, 아이를 방치하고 있다는 느낌도 받는다. 뭔가 아이에게 더 많은 걸 가르쳐야 할 듯하고 다양한 경험을 하게 해줘야 할 것 같다. 지금까지 너무 나태했던 자신에게 자괴감마저 든다. 그래서 또래 엄마들과 자주 만날수록 조급해지고 불안해진다.

그러나 그 또래 엄마들 또한 나와 같은 '초보'라는 것을 명심하자. 그들도 조금씩은 모두 불안하여 이런저런 방법을 사용하며 실험 중이다. 그들이 하는 실험에 굳이 동참할 필요도 없고, 다른 엄마들이 아이에게 써서 성공했던 방법이 내 아이에게도 맞으리라는 보장도 없다. 그렇다고 또래 엄마들과의 만남을 무작정 피하는 것도 정답은 아니다. 다만, 만남의 횟수를 제한해 꼭 필요한 만남만 이어가는 것이 바람직하다.

둘째, 선배 엄마들과 정기적으로 만나라.

자녀들을 다 키운 부모들을 만나면 아무리 최선을 다해 아이들을 훈육해도 내 뜻대로 되지 않는 것이 자녀임을 깨닫게 된다. 지금 공부를 열심히 시켜도 여러 변수로 대학을 곳 들어가는 아이들도 있고, 또 정반대의 사례도 얼마든지 있음을 알게 되기 때문이다. 엄마가 아무리 노력해도 될 일과 안 될 일이 있음을 자각하게 되는 것이다. 이런 깨달음들은 초보 엄마의 아이에 대한 과도한 욕심과 성취욕을 조절할 수 있도록 도와주고 좀 더 편안한 눈으로 아이를 바라볼 수 있게 해준다.

많은 정보가 넘쳐나는 시대이다. 그러나 오히려 너무 많은 정보 때문에 불안해진다면 엄마 자신과 아이를 위해서 어느 정도의 정보를 차단하는 지혜가 필요하다. 가장 유익한 정보는 엄마와 아이가 서로 사랑하고 신뢰하며 평온하게 살아갈 수 있도록 도와주는 정보이다.

셋째, 힘이 되는 위인들의 스토리를 자주 읽어라.

대부분의 위인들은 처음부터 좋은 교육을 받았다기보다는 스스로 역경을 이겨내어 성공했다. 이런 글을 읽다 보면 지금 안달복달하는 것이 무의미함을 깨닫고, 어려움을 이겨내는 힘이 인간에게 있음을 알게 된다. 엄마가 이런 위인들의 스토리를 자주 접하면 자신도 모르게 아이에게 위인의 이야기를 하게 된다. 아이도 덩달아 엄마가 읽는 위인전에 관심을 갖게 된다. 이는 아이를 바르게 성장시키는 한 가지 방법이다.

지혜로운 엄마라면 대학입시나 앞으로 전개될 수능의 향방, 어떻게 하면 특수목적고를 보낼 수 있을지에 대한 정보를 얻는 것보다 다양한 인문서적을 접하는 게 도움이 된다는 것을 잘 알고 있다. 엄마의 인격적 소양이 깊어져야 말이나 행동도 깊어진다. 그런 면에서 요즘 불고 있는 인문학 열풍은 환영할 만하다.

예전에 어떤 방송사에서 네다섯 살의 어린 자녀를 둔 여러 엄마를 상대로 육아 스트레스를 조사한 적이 있었다.

기존에 육아 스트레스가 많았던 엄마들이 아이들과 노는 모습을 관찰했다. 대부분의 엄마가 아이와 장난감을 가지고 놀아주었다. 아이와 엄마 사이에 장난감이 개입되어 있는 것이다. 이 엄마들에게 우리의 전통놀이인 '곤지곤지', '잼잼', '도리도리', '쭉쭉이' 등 아이들과 피부를 접촉하거나 아이를 바라보며 노는 놀이를 가르쳤다. 그러고는 아이와 다시 놀게 하고 그 후에 육아 스트레스를 측정했다. 그 결과 오히려 비싼 장난감을 가지고 놀았을 때보다 훨씬 육아 스트레스가 줄어들었다.

엄마들에게 장난감을 가지고 놀 때와 피부를 접촉하면서 놀아줄 때 어떻게 다른지 물었다. 엄마들은 아이들의 눈을 맞추고 피부를 접촉하면서 놀아보니 아이가 어떤 것을 좋아하고 어떤 것을 싫어하는지를 더 잘 알 수 있었다고 답했다. 아이의 마음을 잘 느낄 수 있게 되니 불안감이 줄어든 것이다.

엄마들은 이런 말을 자주 한다.

"아이가 도통 무슨 생각을 하는지 모르겠어요."

"애가 뭘 좋아하는지 모르겠어요."

평소 이런 말을 빈번하게 하는 엄마라면 아이와의 관계에서 중간에 개입되고 있는 것이 너무 많지는 않은지 점검해봐야 한다. 아이와 엄마 사이에 학원이 있는지, 학습이 있는지, 좋은 양육서가 있는지, 학습지 선생님이 있는지 점검해보자. 그리고 아래와 같이 자신의 행동을 돌아보자.

'내가 얼마나 아이의 손을 잡고 눈을 맞추고 안아주며 시간을 보냈는가?'

'내가 아이와 함께 있는 시간을 혹시 귀찮아하고 타인에게 혹은 다른 기관에게 양도하려고 했던 것은 아닌가?'

아이를 대하는 자신의 모습을 성찰함으로써 행동을 개선할 수 있다. 아이에게 가장 중요한 존재는 엄마이다. 그런데 엄마가 불안에 떤다면 그 불안감은 아이에게 고스란히 전달될 수밖에 없다. 따라서 내 아이를 정서적으로 안정감 있게 잘 키우고자 한다면 엄마 자신의 불안감을 잘 제어할 수 있어야 한다.

여섯째, 자주 아이의 손을 잡고 눈을 맞추며 스킨십을 나눠보라.

아이는 엄마와 나누는 스킨십에서 관심과 사랑을 받고 있다고 느낀다.

07

당당하고
자신감 있는
엄마가 되자

"저는 엄마 자격이 없는 것 같아요."

"저 때문에 우리 아이가 망가진 것 같아요."

"다른 엄마들은 아이를 잘 키우는 것 같은데 저는 잘 못하고 있는 것 같아요."

"애 키우는 게 제일 힘들어요."

상담을 받으러 온 엄마들이 자주 하는 이야기다. 굳이 상담 오는 엄마들이 아니라도 주변에서 이런 이야기는 심심치 않게 듣는다. 엄마들이 이런 말을 하는 이유를 생각해보면 마음이 아프다.

엄마들은 어떤 마음으로 이런 말을 하는 것일까? 다양한 이유가 있겠지만, 그중 육아에 자신이 없고, 엄마로서 능력이 부족하다는 자괴감을 최우선으로 꼽을 수 있다. 이들은 학교나 사회에서 느꼈던 성취감과 자신감이 아이를 키우면서 다 사라져버렸다고 토로한다.

언젠가 상담실에 젊은 부부가 함께 자녀 상담을 받으러 왔었다. 내가 남편에게 상담을 통해 어떤 부분이 달라지길 원하는지 묻자 그는 이렇게 말했다.

"애 엄마가 다른 건 다 잘하는데, 평소에 감정 기복이 너무 심합니다. 감정 기복을 다스릴 다양한 방법을 애 엄마한테 알려주면 좋겠습니다."

나는 이렇게 답했다.

"아버님께서는 다른 건 다 잘하시는데, 칭찬하는 것은 잘 못하시는 것 같네요. 부인이 감정 기복이 심하다면 부인의 정서를 안정시켜주는 것이 남편의 역할입니다. 부인은 남편이 자신을 칭찬하고 지지하고 신뢰하고 있다고 믿을 때 정서가 안정된답니다."

모든 부모는 다 초보다. 세상에서 하나뿐인 내 아이의 한 해 한 해마다, 한 순간 한 순간마다 부모는 초보가 된다. 이렇게 특별한 아이는 처음 키워보기 때문이다. 아무도 특별한 내 아이를 잘 키우는 정답을 가지고 있지 않다. 매 순간 부모가 결정하고 선택해야 한다. 때로 훌륭한 선택을 하기도 하고, 때로 좋지 못한 선택을 하기도 한다. 그러나 인생은 잘못된 선택으로도 한순간에 끝나지 않는다. 시행착오를 통해 교훈을 얻게 하고는 다시 시작하게끔 이끈다.

누구라도 처음 해보는 일은 어려운 법이다. 하물며 매 순간 성장하고 매 순간 달라지는 아이를 키우며 매 순간 처음 해보는 결정을 내려야 하는 부모는 얼마나 자신이 없고, 두려울까? 더군다나 그 일을 잘해내고 싶고, 아이를 훌륭히 성장시키고 싶은 부모라던 더 많이 두렵고 어렵게 느낄 것이다.

그러나 육아에 대해 불안감과 두려움이 엄습할 때마다 이렇게 생각하자.

'처음치곤 잘하는 거야. 열심히 하고 있잖아.'

'그래도 재작년보다, 작년보다 좋아지고 있잖아. 나도 점차 성장하고 있어.'

아이가 성장하는 크기만큼 부모도 성장한다. 아이와 함께 자라는 것이다. 자신이 잘 성장하고 있음을 엄마 스스로도 믿어야 한다.

누구나 처음 하는 일을 잘할 수는 없다. 누구나 실수는 한다. 그러나 우리에게 희망이 있는 것은 우리 인생이 거기서 끝이 아니기 때문이다. 지금 좋지 못한 모습을 보이는 자녀가 그 모습에서 성장이 멈추는 것이 아니기에 희망이 있는 것이다. 항상 더 좋아질 수 있고, 항상 더 나아질 수 있다. 그렇게 조금씩 전보다 더 나아지려고 노력하는 것이 부모 노릇이다.

우리의 몸이 다 커졌다고 성장이 멈출까? 인간은 죽기 직전까지도 진리를 찾아 헤맬 뿐 아니라 철들지 않는 존재이다. 그래서 인간은 죽을 때까지 성장이 가능한 존재이다. 매 순간 전보다 성장하고 발전하는 모습이 인간의 고유한 특성이다.

부모의 역할도 마찬가지다. 전보다 나아지고 있으면 그걸로 된 것이다. 열심히 잘해보려고 노력하는 걸로 된 것이다. 어떤 부모는 더 효율적인 방법으로 더 많은 성과를 내고 어떤 부모는 느리고 더딘 방법으로 천천히 성장하겠지만, 그런 자신의 모습을 인정해야 성장은 지속된다.

내가 강의에서 매 회기마다 엄마들에게 알려주는 중요한 정보가 있다. 바로 '기술의 습득 단계'가 그것인데, 사람들이 습득하는 다양한 기술이 어떤 과정을 거쳐 장인에 이르는지, 그 단계를 알려주는 것이다. 이것은 부모가 말하는 습관을 바꾸거나 좋은 육아법을 배웠을 때 그것이 익숙하게 되기까지의 모습을 보여주기도 한다.

첫 단계는 '무의식, 비숙련' 단계인데, 좋은 정보도 없고 지식도 없어서 자신의 모습을 바꾸어야 하는지도 모르며, 당연히 숙련도 되지 않은 단계이다. 이 책을 읽고 있는 독자라면 그 자체로 첫 단계는 탈출했다고 볼 수 있다. 배워서 나아지려는 자세가 있기 때문이다.

두 번째는 '의식, 비숙련' 단계로, 좋은 정보와 지식을 배워 알기는 하지만 몸에 익숙하지 않아 밖으로 잘 나오지 않는 단계이다. 보통 '나 대화법'이나 '공감 대화' 등을 배웠더라도 이 시기에 '나는 안 되나

보다', '나랑은 맞지 않는 방법인가 보다' 하며 좌절하여 포기하기 쉬운 단계이다.

세 번째는 '의식, 숙련' 단계이다. 두 번째 단계를 거쳐 어느 정도 좋은 방법에 익숙해져서 '이런 상황에는 이 방법을 사용해야겠네'라고 생각하면 행동으로 표출할 수 있는 단계이다.

마지막은 '무의식, 숙련' 단계인데, 세 번째 단계를 거쳐 좋은 방법이 완전히 몸에 익숙해져서 특별히 의식하지 않아도 좋은 방법이 저절로 행동으로 나오는 단계이다. 이때가 되면 '기술자', '숙련공', '장인' 등의 이름을 붙여줄 수 있다.

우리가 부모로서의 우리 자신에게 '기술자', '숙련공', '장인'의 이름을 붙일 수 있는 순간은 아마 영원히 오지 않을지도 모른다. 하지만 이제 두 번째 단계에 접어든 당신이 세 번째 단계로 넘어가기 위해 부단히 노력하는 모습만으로도 우리는 훌륭한 부모의 모습을 가졌다고 말할 수 있다.

세계적인 패스트푸드 업체 KFC의 창업주 커널 샌더스는 이렇게 말했다.

"우리가 어떤 일을 시작할 때 맨 처음에서 출발하는 것이 아니다. 실패와 좌절의 경험은 인생을 살아가면서 온몸으로 겪는 공부이기 때문이다. 당신이 이제까지 걸어온 길은 그게 어떤 것이든 결코 하찮지 않다. 할 수 있다고 생각하기 때문에 할 수 있는 것이다."

그렇다. 사람은 누구나 불완전한 모습에서 시행착오를 통해 성장하고 나아진다. 따라서 지금 엄마로서 미숙할지라도 자신감을 가져야 한다. 지금 있는 그대로의 자기 모습을 인정하자. 그러면서 마음속으로 '나는 매일 조금씩 나아지고 있다'고 자기암시를 하자. 시간이 갈수록 불안하고 고통스런 육아가 아닌, 세상에서 가장 뜻 깊고 행복한 육아가 될 것이다.

08

우리 집만의
가풍을
만들자

나는 강의 '부모와 자녀의 대화법'에서 매주 다른 과제를 내주는데, 과제 중 '우리 집만의 가풍 만들어 오기'가 있다. 가풍이라고 하면 좀 거창하고 어렵게 느껴지는 것이 사실이다. 하지만 그저 한 집안에서 오래 지켜온 생활 습관이나 규범, 즉 우리 집에만 있는 좋은 습관, 정기적인 어떤 일이라고 생각하면 쉽다.

예를 들어 실제로 나는 우리 집에서 항상 아침마다 출근을 하든 등교를 하든 누군가 하루를 시작하려고 현관문에 서면 볼에 뽀뽀를 해주고 껴안아준다. 그러고는 "사랑해. 축복해. 존귀하게 될 거야"라고 속삭여주고 내보낸다. 남편이 제일 먼저 출근하기 때문에 남편이 현관에 서면 아이들과 내가 줄지어 서서 뽀뽀를 하고 껴안고 축복의 말을 해준다. 그리고 아이들이 집을 나설 때에도 똑같이 스킨십과 함께 축복의 말을 들려준다.

처음 이것을 시작할 때는 많이 쑥스러웠다. 하지만 굳은 결심으로 가족들에게 앞으로 우리 집만의 가풍을 만들겠다고 의지를 밝히고 시작했다. 아직 아이들이 어릴 때여서 나에게 "엄마, 축복이 뭐야? 엄마, 존귀하게 되는 게 뭐야?"라며 묻던 기억이 난다. 나는 축복과 존귀의 뜻을 상세히 설명해주었다. 아이들은 엄마가 자신들을 축복하고 존귀하게 되길 바란다는 생각이 즐거웠던지 싱글벙글 웃으며 다녔다.

지금은 내가 밖에 나가려고 현관에 서면 아이들이 냉큼 달려와 "엄마 사랑해. 축복해. 존귀하게 될 거야"라고 말해준다. 어느새 우리 집에선 이런 인사가 익숙한 풍경이 되어버린 것이다. 신기한 것은 가족들과 이런 인사를 하면서 나도 모르게 나의 마음가짐이 달라졌다는 것이다. 아이들과 남편에게 매일 이런 인사를 해주다 보니 내 마음속에 '이 아이는 존귀하게 될 아이지. 내 남편은 존귀하게 될 남편이고'라는 생각이 최면처럼 자리 잡게 된 것이다.

내가 나 자신에게 매일 이런 최면을 걸기 때문에 아이들에게 하는 말이나 행동도 부드럽고 따뜻하게 바뀌었다. 또 남편이 밖에서 축하받을 일이 있기라도 하면 '내가 매일 축복해줘서 밖에서도 축복을 받는 건가' 하는 생각도 은근슬쩍 하게 되었다. 더불어 가족은 서로 축복을 기원해주고 사랑해주는 사람들이라는 생각이 가정 안에 뿌리내리게 되었다.

우리는 자신도 모르게 남한테서 들은 말에 최면 걸리곤 한다. 부정적인 말을 쓰면 좋지 않다고 하는 것도 이런 이유 때문이다. 점을 보러 가면 점쟁이가 "액운을 막지 않으면 큰 화를 당하게 된다"라며 불안감을 조성한다. 처음에는 점을 재미로 보기 때문에 절대 그런 말에 휘둘

리지 않겠다고 결심한 사람도 막상 그런 말을 듣고 집에 오면 점쟁이의 말이 문득문득 생각나면서 정말 좋지 않은 일이 생길 것 같은 불안감에 휩싸인다.

긍정적인 말이든 부정적인 말이든 모든 말은 듣는 사람과 말하는 사람에게 강력한 영향을 미친다. 긍정적인 말을 지속적으로 가족들에게 해주는 것은 가정 안에 '행복의 씨앗'을 심는 가장 쉬운 방법이다. 우리 집에선 아침에 현관에서 하는 이 일들이 가풍이라고 할 수 있다.

내가 아는 분은 현관문 안쪽에 작은 칠판을 붙여놓았다. 그 칠판은 주로 아버지가 사용하는데 아이들에게 좋은 글귀를 전달해주는 기능을 한다. 아이들이 밖으로 나가면서 그 칠판을 볼 수 있게 해놓은 것이다. 그 집은 아이들이 모두 성인이라 서로 얼굴 볼 시간도 별로 없고 아버지가 무뚝뚝한 편이라 궁여지책으로 생각해낸 방법인데 매우 효과가 좋다.

아버지가 칠판에 '○○아, 항상 사랑한다'라고 써놓으면 딸이 화답의 글귀를 써놓기도 한다. 요즘에는 스마트폰도 있는데 뭐하러 이러느냐고 할 수도 있겠다. 하지만 이 방법을 시행하고 나서 생각지 못한 효과가 있었다. 아버지의 글귀가 칠판에 씌어 있으니 문으로 드나드는 사람들이 모두 그것을 보고 한마디씩 하는 것이었다.

"아버지가 정말 자상하시네요. 부러워요."

"아버지가 아이들을 많이 사랑하는 게 느껴지네요."

집에 자주 드나드는 사람들은 물론이고 어쩌다 한두 번 놀러 온 사람들도 이처럼 아버지를 칭찬하게 되었다. 이런 칭찬에 아버지는 더욱 자상하고 다정해지기 위해 노력했다. 그러다 보니 아버지와 아이들의

관계가 좋아지고 그것을 바라보는 엄마도 행복해졌다. 아버지가 부드러워지니 가정이 모두 평안하고 부드러워진 것이다.

작은 시도 하나가 가정 전체의 분위기를 바꾸고 하루를 즐거운 마음으로 시작할 수 있게 해준다. 가정의 분위기가 꼭 거창한 것으로 바뀌는 것은 아니다. 작은 말 한마디, 썰렁한 농담, 엉뚱한 행동 하나에 웃기도 하고 즐거워지는 것이다. 이처럼 독특하게 우리 가족끼리만 하는 어떤 행동, 습관들을 우리 집만의 가풍이라고 할 수 있다.

신실한 기독교인인 한 아버지는 두 딸이 어릴 때부터 항상 출근하기 전에 현관에서 아이들에게 안수기도를 해주었다고 한다. 고등학생으로 성장한 아이들은 성격도 바르고 공부도 전교 5등 안에 드는 우등생이 되었다. 형편이 그리 넉넉하지 못해 아이들을 그 흔한 학원 한 곳도 보내지 못했다고 한다. 부모가 모두 늦은 저녁에 들어와 잠만 자고 나가기 일쑤여서 어릴 때부터 방치되듯 커온 아이들이지만 깜짝 놀랄 만큼 안정적인 정서를 가지고 있었다.

나는 이 모든 것이 아버지가 아침마다 아이들에게 해준 안수기도 덕분이라고 생각한다. 기도는 상대가 들을 수 있는 것이기에 아버지가 매일 아이들이 어떤 성품을 지니길 바라는지, 어떤 사람으로 성장하길 원하는지 들으며 컸을 것이다. 그리고 그 바람이 아이들이 듣기에도 건강하고 희망적이었을 것이다. 이 가정에는 아버지의 안수기도가 아이들을 잘 성장시킨 귀중한 가풍인 것이다.

언젠가 텔레비전을 통해 엄앵란 씨가 독특한 행동으로 가정의 불행을 극복한 이야기를 들었다. 신성일 씨가 야심차게 도전한 국회의원 선거에서 낙선해 가세가 기울고 집안 분위기가 어두워진 시절이었단다. 이때 엄앵란 씨는 우울한 가정에 희망을 불어넣고 싶었다. 궁리 끝에 그녀는 강아지 두 마리를 사와서 '리치'와 '이룬다'라고 이름을 붙이고 가족들에게 부르게 했다. 가족들은 어찌 보면 좀 억지 같고 우스워 보였지만 엄마의 방법을 따랐고, 어둡고 침울했던 가정의 분위기는 조금씩 밝아지고 희망적으로 바뀌기 시작했다.

그녀는 긍정적인 말을 강제적으로라도 계속하니까 신기하게도 경제적인 어려움이 극복되었다고 말했다. 하지만 그것은 신기한 일이라기보다는 집안 분위기가 밝고 희망적으로 변하게 되니 자연히 바깥일도 힘을 내서 처리할 수 있었고, 자연스레 경제적인 어려움도 극복되었다고 보는 게 옳을 것이다. 그리고 그렇게 되기까지 엄마인 엄앵란 씨의 마음가짐이 중요한 역할을 했음을 엿볼 수 있다. 엄마가 현실을 탓하며 우울해하고 침울해하는 것이 아니라, 극복하려는 의지를 가지고 미래를 생각하며 희망을 가지고 있었으므로 가족들에게 하는 행동이나 말들도 희망적이고 미래 지향적이었을 것이다. 엄앵란 씨가 이 말을 하면서 '입성수, 고성수'라는 말을 언급했는데, '입으로 말한 것은 그대로 이루어진다'고 풀이할 수 있다. 즉, 부자가 되는 말을 하는 것이 부자가 되는 가장 좋은 습관이라는 말이다.

아이에게 안정적인 정서를 갖게 하고 사회적으로도 성공하게 하고 싶다면 엄마가 좋은 습관을 가져야 한다. 만일 엄마가 아이의 잘못을 탓하고 지적하고 흉보는 습관을 가지고 있다면 빨리 고쳐야 한다. 아이는 가장 가까이에 있는 엄마를 보며 자라기 때문이다.

내 가정과 내 아이를 바르게 성장시키기 위해서 엄마가 좋은 습관을 들이는 것이 무엇보다 중요하다. 엄마가 좋은 습관을 들이고 가정의 분위기를 즐겁고 행복하게 만들고자 하는 노력으로 '행복한 가풍 만들기'에 도전해보자. 가족이 모두 즐거워지고 행복해지는 '행복한 가풍 만들기'를 실천하다 보면 멀리 있을 것만 같은 행복이 성큼 다가왔음을 느낄 것이다.

감사 다섯 가지 쓰기와 다행 일기 쓰기

나는 상담이나 강의 때 늘 감사 다섯 가지와 다행 일기를 쓰게 한다. 이것은 특별한 마력이 있는데, 쓰는 사람에게 세상을 보는 시각을 긍정적으로 교정시켜주는 힘이 그것이다.

상담하러 오거나 자녀와의 관계가 좋지 않은 부모의 경우, 거의 90퍼센트 부정적인 시각이 자리 잡고 있다.

남편의 태도, 아이의 생각, 자신의 처지, 달라지지 않는 현재의 상황들……. 그 모든 것이 합작하여 가정을 만들고 관계를 만든다. 그런데 이런 것들을 부정적으로 바라보는 사람이 가정의 중심인 엄마라면, 가족 간의 관계는 병들게 마련이다. 그리고 가족의 병은 다시 엄마에게 옮겨진다. 과거에 자신이 받았던 상처를 부여잡고 남편을 상처 내고 자신을 상처 내고 아이들을 상처 내면 결국 가족 모두의 삶이 비참해진다.

이제부터라도 자신의 부정적인 습관을 청산하고 현재와 미래에 집중하면서 살아야 한다. 이를 위한 가장 훌륭한 도구가 바로 감사 다섯 가지와 다행 일기이다.

감사 다섯 가지 중 우선 자기 자신에 대한 감사를 두 가지 쓴다. 예를 들면 '나는 여자라서 감사해', '나는 걸을 수 있어서 감사해'처럼 나 자신에 대한 감사를 쓰는 것이다. 그리고 나머지 세 가지는 가족에 대한 감사를 쓴다.

내 강의를 듣는 분들은 함께 카톡 방을 만들어서 그곳에서 감사 일기와 다행 일기를 공유하는데, 그렇게 하기 힘들다면 예쁜 노트를 사용해도 좋다. 그러나 더 좋은 방법은 몇 명이서 함께 모여 서로의 글을 공유할 장을 만드는 것이다. 이렇게 하면 나는 전혀 감사할 일이 아니라고 생각했던 일에도 감사하는 사람들을 보면서 자신의 시각을 교정할 수 있다.

다음으로 다행 일기인데, 이것을 작성하는 데에는 특별한 규칙이 있다.

다행 일기는 세 줄 정도로 쓰는데, '나는 ○○해서 다행이다. 나는 ○○가 아니어서 다행이다, 나는 비록 ○○지만 ○○는 아니어서 다행이다'의 형식으로 쓰는 것이다.

다음은 다른 강의 참여자가 써온 것이다.

'나는 내 시간을 많이 활용할 수 있는 주부여서 다행이다.

나는 환자가 아니어서 다행이다.

나는 전문 지식인은 아니지만 무지랭이가 아니어서 다행이다.'

이 방법은 우울증을 앓고 있는 사람에게도 꽤 효과적이다. 어떤 일에서든 보는 시각에 따라 긍정적인 부분과 부정적인 부분을 함께 찾을 수 있다. 겪지 않았으면 좋을 과거의 상처 속에서도 그것을 겪고 성숙해진 일면이 있다면 그 일은 긍정적인 작용을 하는 것이다.

아이의 어떤 행동을 보고 호기심이 많고 적극적이라며 긍정적인 부분을 칭찬해주는 부모가 있고, 산만하고 집중력이 약하다며 자존감을 떨어뜨리는 부모가 있다. 이것은 아이의 행동 때문이 아니라 부모 자신의 시각이 부정적이냐, 긍정적이냐가 중요 요인이라는 방증이다.

그렇다고 아이의 모든 행동을 무조건 긍정해주어야 한다는 말은 아니다. 부모가 자녀에 대해 긍정적으로 생각하면 부모 스스로 우울하거나 불안하고 어두운 정서보다는 밝은 정서를 갖게 되기 쉽고, 그것이 다시 자녀의 정서를 안정시킬 수 있다는 이야기다. 일단 자녀의 정서가 안정되어야 더 좋은 태도도, 더 좋은 가치관도 갖게 되는 것이다.

고마워요 게임

'고마워요 게임'은 아이가 어릴 때 매우 효과적이다. 그러나 잘만 사용하면 부부관계에서도 혹은 청소년 아이들에게도 효과가 있다. 이 게임은 매우 간단한데, 시간 여유가 있을 때, 아이에게 게임을 하자고 제안하는 것이다.

그리고 게임에 대해서 설명한다. 게임의 룰은 서로가 서로에게 고마웠던 것 하나씩을 번갈아 말하는 것이다. 예를 들면 다음과 같다.

"엄마는 혜진이가 오늘 엄마를 도와서 밥상을 차려주어서 고마워."
"나는 엄마가 맛있는 밥을 해줘서 고마워."
"엄마는 혜진이가 자기 할 일을 스스로 잘 해줘서 고마워."
"나는 엄마가 나를 사랑해줘서 고마워."

아이들과 이것을 하다 보면 엄마는 자신도 잘 모르던 것에 아이가 고마워하는 것을 알게 되고 다음에 더 좋은 행동으로 보답하려는 마음이 생긴다. 아이도 마찬가지다. 그리고 이 '고마워요 게임'을 하기 위해 아이와 오늘 어떤 일들이 있었나, 깊게 생각해보는 기회도 가질 수 있다.

나의 경우, 내가 무심코 했던 행동에 고마워하는 아이가 기특하기도 하고, 고마운 점을 나보다는 아이가 훨씬 빨리 잘 찾아내는 것을 보며, 내가 얼마나 아이에 대해 고마움을 잊고 살았나 반성도 하게 되었다.

나는 이것을 남편과도 하는데, 관계가 매우 따뜻해지고 신뢰감이 깊어지는 것을 느낄 수 있었다. 당신도 낯간지럽다고 생각하지 말고, 한번 시도해보라. 생각보다 많은 소득을 얻을 것이다.

30초 주의 집중하기

이것은 매우 간단한 방법인데, 관계 개선에 효과가 좋다. 집에 돌아와서 30초간 아이에게 주의를 집중하는 것이다. 집에 오자마자 사용해도 좋고, 아이가 묻거나 할 때, 사용해도 좋다.

이것을 할 때, 부모는 하던 모든 것을 그대로 두고 아이와 눈을 맞추며 아이에게만 집중해야 한다. 설거지를 하고 있던 중이거나 전화가 와도 하던 행동을 멈추어야 한다. 30초 동안 세상 모든 일을 멈추고 아이에게 집중하는 것이다.

아이가 유치한 이야기를 해드 집중해서 들어주고 눈을 맞추고 아이의 감정을 공감해주어야 한다. 그렇게 30초만 집중하다가 시간이 더 지체되면 아이에게 양해를 구하면 된다.

"엄마가 지금 설거지를 마쳐야 하니까 설거지가 끝나면 다시 이야기할까? 기다려줄 수 있겠니?"

처음에는 좋지 않은 피드백이 몇 차례 올 수도 있겠으나, 지속적으로 시행하다 보면 아이들도 자신에게 관심을 갖고 주의를 기울이는 부모에게 사랑받고 있음을 느끼게 된다.

이것은 많은 시간이 들거나 힘든 일이 아니어서 쉽게 실행할 수 있다. 아이에게 만족감을 주고 관계를 개선시킬 수 있는 간단한 방법이니, 오늘부터 실행에 옮겨보는 것도 좋겠다.

자녀의 존재 자체를 인정하기

요즘 자존감에 대해서 많이 이야기한다. 자신감에 대한 이야기도 많다. 그렇다면 자신감과 자존감은 어떻게 다를까?

자신감은 일정 능력에 대한 생각이다. 줄넘기를 잘하는 사람은 줄넘기 시합에 자신감이 있다고 표현할 수 있다. 자존감은 개인의 능력과 상관없이 존재 자체에 대한 가치감이다. 능력이 있건 없건 존재 자체를 가치 있다고 인정하는 것이 자존감이다.

우리 아이들 중에 공부도 잘하고 다양한 능력이 많고 영리한데 자존감이 낮은 아이들이 많다. 왜 그럴까? 아이의 능력에 대한 부모의 기대가 크면 그렇게 되기 쉽다. 공부를 잘하면 좋은 딸이고, 예의가 바르면 좋은 자식이며, 자랑거리가 되면 인정받음으로써 자존감이 높아진다. 하지만 능력은 있으나 부모의 높은 기대 수준에 미치지 못해 인정받지 못하는 상황이 계속 유지되면 자존감이 낮은 아이가 되는 것이다.

공부를 잘하건 못하건 내 자식이니까 귀하고 사랑스럽고 예뻐야 한다. 태도가 바르건 바르지 못하건 기본적으로 사랑하는 마음이 깔려 있어야 한다. 그런데 사랑의 마음은 보이지 않고 평가만이 지속적으로 보여지는 가정환경이 형성되어 있다면 빨리 개선하는 것이 좋다.

아이는 완성품이 아니다. 완성품이 아니기는 부모 자신도 마찬가지다. 부모나 아이나 모두 성장해가는 존재이다. 서로 미숙한 존재끼리 조금 더 미숙한 것을 평가하는 일에 급급한 것은 옳지 않다.

아이는 존재 자체만으로도 귀하며, 그들이 미숙하지만 무한한 기회와 가능성이 있고, 더 좋은 모습으로 성장해나갈 수 있다는 믿음을 부모가 매일 되새기면 좋겠다. 스스로 자신에게 주문을 걸듯이 자주 되뇌다 보면 어느새 저절로 그렇게 생각되는 날이 올 것이다.

그리고 마지막으로 부모가 아이를 사랑하고 귀하게 여기는 마음이 진심인지 점검하라. 많은 부모가 사랑을 가장하여 자신의 한을 풀고, 욕망을 채우는 것에 급급한 경우가 많다. 그것을 사랑으로 위장하지만, 그것은 진정한 사랑이 아니다.

아이의 미래를 위해서는 이렇게 저렇게 해야 한다고 주장하지만, 깊이 파고들면 진심으로 아이의 미래를 걱정한다기보다는 자신의 과거에 비추어, 혹은 다른 사람들 보기에 창피하지 않기 위해서가 더욱 진정한 이유인 경우가 많다.

이제 진실로 스스로에게 물어보자. 당신은 자녀를 진정으로 사랑하는가? 그 아이가 어떤 행동을 하든 존재 자체만으로도 감사하고, 다른 것을 모두 포기할 수 있는가? 자녀의 안정된 미래에 부모인 나의 욕심이 개입되어 있는 것은 아닌가?

심사숙고하여 오랜 시간 되짚어보고 아이를 진심으로 사랑하는 진정한 부모로 거듭나길 바란다.

심사숙고하여 오랜 시간 되짚어보고 아이를 진심으로 사랑하는

아이를 차갑게 키우고 뜨겁게 사랑하라

초판 1쇄 인쇄 2014년 10월 15일
초판 1쇄 발행 2014년 10월 27일

지은이 | 권경애
펴낸이 | 전영화
펴낸곳 | 다연
주　소 | (413-120) 경기도 파주시 문발로 115 세종출판벤처타운 404호
전　화 | 070-8700-8767
팩　스 | (031) 814-8769
이메일 | dayeonbook@naver.com
본　문 | 미토스
표　지 | 서진원
ⓒ 권경애

ISBN 978-89-92441-58-2 (13590)